服装设计基础
理论习题集

主　编
彭　华

副主编
邓天怡

重庆大学出版社

图书在版编目(CIP)数据

服装设计基础理论习题集 / 彭华主编 . -- 重庆：
重庆大学出版社, 2024. 11. -- (中等职业学校服装专业
教材). -- ISBN 978-7-5689-4871-5

Ⅰ. TS941.2-44

中国国家版本馆 CIP 数据核字第 202481KR84 号

服装设计基础理论习题集

主 编 彭 华
副主编 邓天怡
策划编辑:蹇 佳

责任编辑:蹇 佳 版式设计:谭冬玲
责任校对:刘志刚 责任印制:张 策

*

重庆大学出版社出版发行
出版人:陈晓阳
社址:重庆市沙坪坝区大学城西路 21 号
邮编:401331
电话:(023)88617190 88617185(中小学)
传真:(023)88617186 88617166
网址:http:// www. cqup. com. cn
邮箱:fxk@ cqup. com. cn(营销中心)
全国新华书店经销
重庆正文印务有限公司印刷

*

开本:889mm×1194mm 1/16 印张:10.5 字数:165 千
2024 年 11 月第 1 版 2024 年 11 月第 1 次印刷
ISBN 978-7-5689-4871-5 定价:38.00 元

前　言

　　随着三全育人改革的不断深化,服装行业对服装专业学生能力的要求不断提高,掌握其专业理论知识愈发重要。本习题集严格按照服装设计与工艺专业人才培养方案、课程标准和重庆市高等职业教育分类考试服装设计与工艺专业理论考试大纲编写。习题集共分为三部分:第一部分为学科单元练习题,忠实教材一项目一练,题型包括填空题、选择题、判断题和简答题,重在帮助学生理解、掌握和熟记学科各理论知识点;第二部分为学科综合测试题,题型包括选择题、判断题和简答题,帮助教师对学生阶段学习进行总结、考核和评估,要求学生在熟记知识点的同时,还能进行理论分析,兼顾实际应用,注重具体的理论联系实际;第三部分为专业高考模拟测试题,严格按照重庆市高等职业教育分类考试服装设计与工艺专业理论考试大纲和高考题型、题量、分值编写,内容包括"服装设计基础""服装结构制图""服装缝制工艺"三科的理论知识,重在帮助学生对整个职高阶段的学习进行考核、评估,并顺利完成学业或通过高考。

　　本习题集遵循循序渐进的原则,力求让学生熟练记忆、灵活运用、提高专业素质,最终将理论知识运用到服装的设计、生产实践中。本习题集适用面广,既可作为服装设计与工艺专业就业班、"3+2"中职阶段班课后练习和测试用书,也可作为服装设计与工艺专业升学高考用书,还可作为服装行业从业人员和服装爱好者学习的参考用书。

　　本习题集由彭华完成第一部分单元练习和第三部分专业综合模拟测试编写,由邓天怡、彭华完成第二部分学科综合模拟测试编写。

　　由于作者专业水平有限,书中难免有疏漏之处,恳请同行、专家和读者批评指正。

编者

2024年8月

目　　录

单元练习

学习任务一　服装设计入门

一、填空题

1.服装有着_____和_____的双重性,受_____发展水平影响。

2.服装的功能有_____、_____、_____,其中实用功能又包括_____和_____。

3.服装应包括两部分内容:主体部分是_____,另一部分是_____,对服装的功能起_____和_____的作用。

4.现代着装中配饰还涉及_____、_____等。

5.服装从原材料变成商品的过程,设计师要对其_____、_____、_____、_____等各个环节进行设计。

6.随着服装工业的日趋成熟,服装设计也逐渐分为几个部分,如_____设计、_____设计、_____设计。

7.服装外观设计对服装的_____、_____和_____起决定性作用。

8.以设计服装外观为核心的_____是服装设计中最重要的一环。

9.服装外观形式美的几个要素:_____、_____、_____、_____。

10._____是实现服装款式的物质基础。

11.服装_____和_____是实现服装设计的手段。

二、单项选择题

1.服装与人如影随形,由人和服装共同构成的着装状态,反映着装者的政治、宗教、习俗、审美观、社会行为规范及评价标准等,所以服装也包含了(　　)。

　　A.政治文明　　　　B.社会文明　　　　C.宗教文明　　　　D.精神文明

2.服装的穿着需要适应一定的社会环境和(　　　)。

    A.民族风俗   B.传统风俗

    C.个人   D.社会风俗

3.下列不是按职业划分的服装是(　　　)。

    A.运动服   B.教师服   C.军服   D.学生服

4.形成整体搭配时,与服装起组合作用,对人体起保护或装饰作用的配件,称为(　　　)。

    A.项链   B.配饰   C.围巾   D.配件

5.下列不属于配饰的是(　　　)。

    A.帽子   B.裙子   C.围巾   D.腰带

6.对服装的结构进行设计时,要考虑的问题包括外观需求、材料特性和(　　　)。

    A.面料特性   B.消费群体   C.工艺流程   D.设备和技术

7.服装材质是实现服装款式的(　　　)。

    A.物质基础   B.基本条件   C.基础   D.重要条件

8.服装通常是指一切可以用来穿着在人体上的物品,如衣、裤、裙等,除了字面意义,服装还有丰富的社会(　　　)。

    A.实用功能   B.文化习俗   C.文明内涵   D.文化内涵

9.在服装种类里面,下列不属于按年龄分的服装是(　　　)。

    A.老年服装   B.童装   C.学生装   D.婴幼儿装

10.对服装的外观进行美术设计包括的要素有(　　　)。

    A.色彩、材质、图案、款式   B.款式、工艺、材质、辅料

    C.图案、色彩、工艺、款式   D.款式、色彩、材质、辅料

11.随着服装工业的日趋成熟,服装设计也逐渐分为几个相对独立的部分,其中对服装结构、生产和销售起决定作用的是(　　　)。

    A.服装工艺设计   B.服装美术设计

C.服装营销设计　　　　　　　　　　　　D.服装工程设计

12.下列服装分类完全正确的一组是(　　　　)。

　　A.男装、女装、童装、老年装　　　　　　B.西服、夹克、裙、大衣

　　C.学生服、青少年装、童装、老年装　　　D.家居服、休闲服、运动服、连衣裙

13.从事服装美术设计必须具备:知道人的形体结构和特征、人体的活动规律,了解服装材质的性能和外观特点,掌握服装的(　　　　)。

　　A.制作流程　　　　B.制作方法　　　　C.制作手段　　　　D.制作工艺

14.设计者要全面准确地了解服装材质的外观效果,主要包括其性能、色彩、图案、(　　　　)。

　　A.款式　　　　　　B.材料　　　　　　C.肌理　　　　　　D.质感

15.绘图笔常用于效果图、款式图描线,其常用的型号是(　　　　)。

　　A.0.1~1 mm　　　B.0.2~0.5 mm　　　C.0.1~1 mm　　　　D.0.2~5 mm

16.服装设计常用的绘画工具里,下列最硬的铅笔是(　　　　)。

　　A.HB　　　　　　B.8B　　　　　　　C.2B　　　　　　　D.B

17.下列不属于常用绘画工具的是(　　　　)。

　　A.彩色铅笔　　　　B.涂料　　　　　　C.绘画用纸　　　　D.画板

18.学习服装设计的方法里,丰富的积累除收集资料外,还包括修养和(　　　　)的积累,如艺术修养、文学修养、心理学修养等多方面。

　　A.美感　　　　　　B.资料　　　　　　C.文化　　　　　　D.知识

19.设计时既要考虑产品的自身需要,又要考虑运输和销售过程中的问题,其设计属于服装的(　　　　)。

　　A.结构设计　　　　B.外观设计　　　　C.包装设计　　　　D.销售设计

20.服装从原材料变成商品有一个复杂的(　　　　)。

　　A.生产过程　　　　B.设计过程　　　　C.包装过程　　　　D.销售过程

三、判断题

1.要制成服装必须有具体的材料和配饰。 （ ）

2.穿着服装的首要目的是遮蔽人的身体,阻隔外界对身体的伤害,使身体健康。

（ ）

3.服装的分类里按款式分为西服、夹克、裙、裤、条纹服装、棉服等。 （ ）

4.服装的分类里按季节分为春装、夏装、秋装和冬装。 （ ）

5.在现在的着装中,包、鞋子、发型、妆面等都属于服装配饰。 （ ）

6.对服装的包装进行设计的时候要考虑产品自身需要、运输和销售过程中的问题。

（ ）

7.服装结构设计对服装的结构、生产和销售起决定性作用,因此,以设计服装结构为核心的服装美术设计就成了服装设计中最重要的一环。 （ ）

8.从事服装美术设计必须具备:知道人的形体结构和特征、人体的活动规律,了解服装材质的性能和外观特点、掌握服装的制作工艺。 （ ）

9.家居服、休闲服、运动服、婚礼服、学生服在服装的种类里面是按用途分的。

（ ）

10.定型剂不属于服装设计里面的常用绘画工具。 （ ）

四、补充表格

服装的分类

按款式分	
按材料分	
按色彩和图案分	
按季节分	
按性别分	
按年龄分	
按职业分	
按民族分	
按用途分	

学习任务二　服装款式设计

一、填空题

1. 服装廓形以_____形态表现服装造型特征，具有简单明了、易识、易记等特点。

2. 用英文字母表示服装廓形，上宽下窄的外轮廓服装是_____形，这种廓形的服装给人洒脱、刚强的中性美。

3. _____线是用于处理服装与人体关系的线条，使服装与人体外形轮廓达到合体、协调。

4. 在服装设计中，做_____可以达到给予放松量的作用，使服装方便运动时穿着，同时它也常常作为装饰手法运用在服装中。

5. 服装细节设计的本质是服装的_____设计，是服装内各零部件的结构设计。

6. 材料转换法是指通过变换原有服装细节的_____而形成新的设计。

7. 只有领座，直立于颈部的领子是_____。

8. 领子的设计要点是根据穿衣人的_____和_____特点来设计领的样式。

9. 领型的设计要适合颈部的结构和颈部的活动规律，满足服装的_____。

10. _____也称西装袖，是一种比较适体的袖型，多采用两片袖的裁剪方式，袖身多为筒形，袖身的造型与手臂相似且圆顺。

11. _____又称中式和服袖，衣身和袖片连为一体裁剪而成。其特点是宽松舒适，随意洒脱，易于活动，工艺简单，多用于老年服装、中式服装、居家服等。

12. _____也称明袋，贴缝在衣片表面的袋型，制作简单，款式变化丰富。

13. 连接件设计是指服装上起连接作用部件的设计，和口袋设计一样具有_____功能和_____功能。

14.纽扣设计可以从纽扣形状、大小、材质、位置上进行设计。设计时要注意服装_____协调性,注意要突出纽扣在服装中的装饰作用。

15.连接件在服装中的比例、大小要与服装设计的_____协调,这样设计的服装才会符合人们的审美。

16.女式服装中装饰性分割线多采用_____分割。

17._____设计是指为了让服装贴合人体而采用的一种塑形方法。

18.人工褶有_____、抽褶、堆砌褶等形式。

19.线条的形式是多种多样的,大致可以分为垂直线、_____、斜线、折线、曲线等。

20.服装细节设计的方法有变形法、_____、材料转换法。

21.服装细节设计的方法中,_____是对服装部分细节设计的形状大小进行变化。

22.翻领是一种领面_____的领型。

23.根据袖的长短,袖可以分为无袖、短袖、_____、七分袖、长袖。

24.拉链是服装设计中常用的_____。

25.服装中的强调是指服装的_____,可以通过强调服装的_____、_____、_____等来体现服装的风格。

26.服装的_____是视觉感受到的服装与外部空间的边缘线,即服装的外部造型剪影。

27.外轮廓呈_____形的服装属于宽松型服装,肩、腰、臀、下摆的宽度基本相同,如直裙、大衣等。

28.服装的廓形是服装的整体造型,而服装_____设计则是服装局部细节的造型。

29._____是根据服装的款式要求和其功能性将服装分割成几部分,然后缝合成一件合体美观的服装。

30._____线装饰的服装款式给人流动、时尚的感觉。

31.折线是_____线的组合,经过组合后的折线让人感觉活泼、动感、无规则、有个性。

32.根据衣领的结构特征将领子分为_____、_____、_____、翻驳领等。

33.领型中的_____领,衣领和驳头连在一起,其领外翻,驳头也一起外翻。

34.领的设计要与服装的_____协调。

35._____设计是服装设计的重要组成部分,手臂活动频率幅度是身体中最大的部分。

36.根据袖不同的装接方法,袖可以为_____、_____、_____、_____、_____。

37.袖的造型要适应服装的_____要求,根据服装的_____来决定袖的造型。

38.服装上具有实用功能的口袋一般都是用来放置小件物品或插手的,因此,口袋的朝向,位置和大小都要符合_____的操作习惯。

39.纽扣在服装中起_____和固定作用。

40.拉链的设计可以通过改变拉链的_____,移动拉链的_____来改变服装的款式。

41.A形特征:上衣和大衣以_____、宽下摆,或收腰、宽下摆为基本特征。

42.服装结构线包括_____、_____、_____等。

43.无领是领型中最基础的领型,在衣身上没有装领,以_____线的造型作为领型。

44._____是服装设计的基本元素,是服装款式构成的重要组成部分。

45.比例是指_____与部分,部分与部分的数量关系。

46.均衡就是平衡形式上不对称、视觉上给人_____的感觉。

47._____是服装形式美法则中最基本也是最重要的原则。

48.翻领的装饰手法有很多,设计时要符合_____的风格。

49.平装袖即一般男式衬衣袖,多采用_____的裁剪方式。

50.连接件的设计是为了补充服装的实用功能并且对服装进行_____。

二、单项选择题

1.男式牛仔夹克的服装廓形是(　　)。

　　A.A形　　　　　　B.H形　　　　　　C.S形　　　　　　D.T形

2.服装的造型变化是以(　　)为基准的。

　　A.人体　　　　　B.服装廓形　　　　C.设计方法　　　D.设计师

3.服装的廓形是服装的(　　)。

　　A.局部造型　　　B.内部造型　　　　C.整体造型　　　D.外部造型

4.下列在服装上主要是起功能性作用的是(　　)。

　　A.褶线　　　　　B.省道线　　　　　C.装饰线　　　　D.轮廓线

5.H形的上衣和大衣呈现的特征是(　　)。

　　A.收腰、放下摆　　B.收腰、窄下摆　　C.不收腰、窄下摆　D.夸张肩部、窄下摆

6.S形廓形的服装有(　　)的特征。

　　A.喇叭形　　　　B.收缩下摆　　　　C.腰围收紧　　　D.直筒

7.A形外廓形服装给人的感觉是(　　)。

　　A.庄重、朴实　　B.活泼、阳光　　　C.刚强、中性　　D.柔美、温和

8.H形外廓形服装给人的感觉是(　　)。

　　A.活泼、阳光　　B.庄重、朴实　　　C.浪漫、柔和　　D.洒脱、刚强

9.在服装中能给人唯美、丰满、妩媚的线条是(　　)。

　　A.水平线　　　　B.斜线　　　　　　C.折线　　　　　D.曲线

10.A形外廓形服装的特征是(　　)。

　　A.上窄下宽　　　B.宽度相同　　　　C.上宽下窄　　　D.以上都不是

11.服装廓形的变化离不开支撑服装的几个关键部位,它们是( )。

 A.肩、胸、腰以及服装的摆部　　　　B.颈、肩、胸以及服装的摆部

 C.肩、腰、臀以及服装的摆部　　　　D.颈、腰、臀以及服装的摆部

12.斜线在服装上的运用比较多,会让服装显得修长的斜线接近( )。

 A.水平　　　　B.垂直　　　　C.折线　　　　D.流畅曲线

13.在线条类型中,给人理性、阳刚、简洁、果断感觉的线条是( )。

 A.水平线　　　　B.斜线　　　　C.曲线　　　　D.直线

14.自然褶的形成是源于服装的( )。

 A.堆砌　　　　B.线条整齐排列　　　　C.悬垂性　　　　D.抽褶

15.给人柔和、典雅感觉的服装外廓形是( )。

 A.A形　　　　B.H形　　　　C.S形　　　　D.T形

16.服装款式设计的原则与方法中具有变化的效果,表现形式比较强烈的是( )。

 A.对比　　　　B.比例　　　　C.节奏　　　　D.强调

17.直身衬衫外廓形要求( )。

 A.上下不相同　　　　B.上大下小　　　　C.上下大小不一　　　　D.上下基本相同

18.下列线条单独使用略显呆板的是( )。

 A.曲线　　　　B.斜线　　　　C.折线　　　　D.水平线

19.省道线设计是一种塑形方法,指为了让服装( )。

 A.贴合人体　　　　B.远离人体　　　　C.美化人体　　　　D.紧身人体

20.下列在服装设计中运用最多,既有装饰作用又有分割款式作用的是( )。

 A.省道线　　　　B.分割线　　　　C.直线　　　　D.曲线

21.根据褶形成的方法不同可以分为人工褶和( )。

 A.抽褶　　　　B.自然褶　　　　C.无褶　　　　D.百褶

22.水平线的方向是横向延长,给人的感觉是( )。

A.收缩   B.增高   C.膨胀   D.扭曲

23.在服装款式设计的原则与方法中有规律且不断重复变化的是(　　)。

     A.对称   B.均衡   C.统一   D.节奏

24.主要根据服装款式要求来设计,不考虑其造型作用的线条是(　　)。

     A.装饰性分割线   B.曲线分割线

     C.功能性分割线   D.直线分割线

25.为展现男人的刚强、豪放的性格,男性服装中多采用(　　)。

     A.多边形分割   B.圆形分割   C.直线分割   D.曲线分割

26.无领又称为(　　)。

     A.领口领   B.一字领   C.圆领   D.方领

27.腰部合体的斜裙,其下摆自然垂坠形成的褶是(　　)。

     A.自然褶   B.抽褶   C.百褶裙   D.人工褶

28.服装中多条斜线可组合成(　　)。

     A.曲线   B.分割线   C.弧线   D.折线

29.服装细节设计的方法有变形法、材料转换法和(　　)。

     A.加减法   B.移位法   C.替换法   D.删除法

30.根据衣领的结构特征将领分为无领、翻领、翻驳领和(　　)。

     A.圆领   B.立领   C.装饰领   D.一字领

31.根据袖的长短,袖可以分为无袖、五分袖、七分袖、长袖和(　　)。

     A.喇叭袖   B.灯笼袖   C.短袖   D.泡泡袖

32.连接件设计主要包括纽扣设计、拉链设计和(　　)。

     A.腰头设计   B.分割线设计   C.口袋设计   D.袢带设计

33.多用于夏季的服装、晚礼服、休闲T恤、毛衫等的领型设计中,属领型中最基础的领型是(　　)。

     A.翻领   B.无领   C.翻驳领   D.青果领

34.服装领面向外翻的领型是(　　)。

A.无领   B.驳领   C.立领   D.翻领

35.根据领子和驳头的连接形式,领可分为戗驳领、青果领、( )。

     A.翻领   B.方领   C.圆领   D.平驳领

36.按装接方法,袖可以分为圆装袖、平装袖、插肩袖、无袖、( )。

     A.连袖   B.七分袖   C.短袖   D.泡泡袖

37.西装袖是一种比较适体的袖型,多采用两片袖的裁剪方式,它也称为( )。

     A.平装袖   B.圆装袖   C.泡泡袖   D.无袖

38.袖子的袖长延长到领围线、肩部甚至全肩都被袖子所覆盖是( )。

     A.平装袖   B.插肩袖   C.喇叭袖   D.无袖

39.袖口袖没有具体的袖型,袒露肩膀,又称为( )。

     A.喇叭袖   B.平袖   C.插肩袖   D.无袖

40.休闲装中的口袋设计常用( )。

     A.贴袋   B.挖袋   C.暗袋   D.缝内袋

41.插袋是在服装拼接缝间制做出口袋,又称为( )。

     A.贴袋   B.挖袋   C.暗袋   D.缝内袋

42.服装设计中最常用的带状连接设计是( )。

     A.纽扣   B.拉链   C.口袋   D.袢带

43.下列服装细节设计的方法正确的是( )。

     A.变形法、连接法、移位法   B.变形法、连接法、材料转换法

     C.变形法、移位法、材料转换法   D.连接法、移位法、材料转换法

44.下列都属于服装细节设计的是( )。

     A.领、衣身口袋、分割线   B.纽扣、袢带、围巾

     C.领、袖子、帽子   D.纽扣、帽子、背包

45.根据领的结构特征可将领分为无领、立领、翻领和( )。

     A.西装领   B.青果领   C.圆领   D.翻驳领

46. 下列手法都属于变形法的是(　　　　)。

    A.拉伸、转移、破坏　　　　　　　　　　B.拉伸、扭转、破坏

    C.拉伸、转移、扭转　　　　　　　　　　D.转移、扭转、破坏

47. 青果领属于(　　　　)。

    A.无领　　　　　　B.立领　　　　　　C.翻领　　　　　　D.翻驳领

48. 下列给人挺拔、庄重感觉的领子是(　　　　)。

    A.立领　　　　　　B.方领　　　　　　C.西装领　　　　　D.戗驳领

49. 旗袍领是典型的(　　　　)。

    A.高领　　　　　　B.圆领　　　　　　C.立领　　　　　　D.翻领

50. 翻领、翻驳领又称为(　　　　)。

    A.平驳领　　　　　B.装领　　　　　　C.领口领　　　　　D.西装领

51. 根据袖的形态,下列分类完全正确的是(　　　　)。

    A.短袖、喇叭袖、插肩袖　　　　　　　　B.喇叭袖、泡泡袖、灯笼袖

    C.插肩袖、泡泡袖、灯笼袖　　　　　　　D.短袖、喇叭袖、灯笼袖

52. 圆装袖又称为(　　　　)。

    A.西装袖　　　　　B.插肩袖　　　　　C.两片袖　　　　　D.长袖

53. 无袖又称为(　　　　)。

    A.连袖　　　　　　B.袖口袖　　　　　C.短袖　　　　　　D.连袖

54. 服装设计中常用来连接融合整体与局部关系的是(　　　　)。

    A.省道　　　　　　B.线条　　　　　　C.袢带　　　　　　D.拉链

55. 在服装款式设计中在视觉上具有柔美、缓和感觉的原则是(　　　　)。

    A.对比　　　　　　B.协调　　　　　　C.均衡　　　　　　D.韵律

56. 插肩袖不适合(　　　　)。

    A.塌肩者　　　　　B.平肩者　　　　　C.斜肩者　　　　　D.高低肩者

57. 省道在上装中按正背面分为胸省和(　　　　)。

A.腋下省　　　　　B.后中线　　　　　　C.背省　　　　　　　D.肩省

58.为体现女性柔美,女士服装中装饰性分割线多采用(　　　)。

　　A.多边形分割　　B.圆形分割　　　　　C.直线分割　　　　　D.曲线分割

59.平装袖多采用的裁剪方式是(　　　)。

　　A.一片袖　　　　B.两片袖　　　　　　C.多片袖　　　　　　D.ABC都是

60.线条的形式多种多样,大致可以分为垂直线、水平线、折线、曲线和(　　　)。

　　A.直线　　　　　B.分割线　　　　　　C.弧线　　　　　　　D.斜线

61.服装中常用直线设计的服装是(　　　)。

　　A.女装　　　　　B.男装　　　　　　　C.童装　　　　　　　D.老年装

62.在服装上的运用较多,根据线条倾斜的位置会有不同的感觉,此线条是(　　　)。

　　A.斜线　　　　　B.直线　　　　　　　C.弧线　　　　　　　D.曲线

63.线条流畅唯美,具有阴柔的感觉,是女性象征的是(　　　)。

　　A.直线　　　　　B.斜线　　　　　　　C.竖线　　　　　　　D.曲线

64.将服装内部零部件做移动位置的处理方法是(　　　)。

　　A.删除法　　　　B.替换法　　　　　　C.移位法　　　　　　D.变形法

65.将领分为一字领、圆领、青果领等,划分标准是根据领的(　　　)。

　　A.大小特征　　　B.装接特征　　　　　C.结构特征　　　　　D.造型特征

66.设计时变化袋口位置和袋盖造型的袋是(　　　)。

　　A.贴袋　　　　　B.明袋　　　　　　　C.暗袋　　　　　　　D.插袋

67.下列部件中实用功能较强,在服装中起连接和固定衣片的作用的是(　　　)。

　　A.纽扣　　　　　B.分割线　　　　　　C.口袋　　　　　　　D.袢带

68.袖与手臂空隙较小,静态效果较好的袖是(　　　)。

　　A.连袖　　　　　B.插肩袖　　　　　　C.圆装袖　　　　　　D.平装袖

69.以领围线的造型作为领型的领是(　　　)。

　　A.立领　　　　　B.翻领　　　　　　　C.无领　　　　　　　D.翻驳领

70.翻驳领给人干练、庄重、开朗的感觉,常用于(　　　)。

　　A.西装　　　　　　B.大衣　　　　　　C.风衣　　　　　　D.ABC都是

71.既要塑造出优美形体,又要兼顾设计的美感,还要考虑工艺的操作性的设计是(　　　)。

　　A.结构线设计　　　　　　　　B.装饰线设计

　　C.自然褶设计　　　　　　　　D.人工褶设计

72.圆装袖的设计以传统圆装袖为原型,变化出新的袖型主要在于夸张(　　　)。

　　A.袖口、袖中线　　　　　　　B.袖口、袖山

　　C.袖中线、袖山　　　　　　　D.都不是

73.一体裁剪的连袖其连接的部位是袖片和(　　　)。

　　A.领子　　　　　　B.衣身　　　　　　C.袖片　　　　　　D.领口线

74.贴袋的袋型是贴缝在衣片(　　　)。

　　A.里面　　　　　　B.表面　　　　　　C.缝内　　　　　　D.结构处

75.在衣身上剪出袋口,袋口装嵌条或袋盖,口袋隐藏在服装内部的袋是(　　　)。

　　A.贴袋　　　　　　B.插袋　　　　　　C.挖袋　　　　　　D.缝内袋

76.纽扣设计可以从纽扣形状进行,也可从(　　　)。

　　A.位置进行　　　B.大小进行　　　C.材质进行　　　D.ABC都是

三、判断题

1.服装的廓形是人视觉感受到的服装与外部空间的边缘线,即服装的造型剪影。
　　　　　　　　　　　　　　　　　　　　　　　　　　　　　　(　　　)

2.服装廓形的变化离不开人体支撑服装的几个关键部位,如肩、胸、臀以及服装的摆部。　　　　　　　　　　　　　　　　　　　　　　　　　(　　　)

3.服装廓形的变化主要对几个关键部位的强调或掩盖,因其强调或掩盖的程度不同,便形成了各种不同的廓形。　　　　　　　　　　　　　　　(　　　)

4.外轮廓成A形的服装上窄下宽,典型款式有披风、夹克等。　　(　　　)

5.H形的上衣和大衣以不收腰、宽下摆为基本特征。　　　　　　　（　　）

6.旗袍是S形外轮廓。　　　　　　　　　　　　　　　　　　　（　　）

7.T形轮廓的连衣裙特点是宽肩衣身合体。　　　　　　　　　　　（　　）

8.童装多为S形外轮廓。　　　　　　　　　　　　　　　　　　　（　　）

9.1970年流行大垫肩、宽腰带、膝窄裙和尖头鞋。　　　　　　　　（　　）

10.服装的廓形是服装的整体造型,而服装内部造型设计则是服装局部细节的造型。　　　　　　　　　　　　　　　　　　　　　　　　　　　　（　　）

11.变形法只对服装细节设计的形状进行变化。　　　　　　　　　（　　）

12.根据领的造型特征将领分为一字领、圆领、装饰领、立领、青果领等。　（　　）

13.针织服装为了保暖常用到立领。　　　　　　　　　　　　　　（　　）

14.翻领,是一种领面向外翻的领型,其前领与肩部自然贴合,后领自然向后折叠贴服。　　　　　　　　　　　　　　　　　　　　　　　　　　　　（　　）

15.翻驳领的衣领和驳头连在一起,其领面外翻,驳头也一起外翻。　（　　）

16.衣袖设计只要求有装饰性。　　　　　　　　　　　　　　　　（　　）

17.根据形态,袖子可以分为喇叭袖、短袖、插肩袖。　　　　　　　（　　）

18.圆装袖与手臂之间的空隙比较大。　　　　　　　　　　　　　（　　）

19.袖的造型要适应服装的功能要求,根据服装的功能来决定袖的造型。　（　　）

20.平装袖即一般男式衬衣袖,多采用一片袖的裁剪方式。　　　　（　　）

21.对比就是反差、对立、撞击,服装设计中常用的有色彩对比、图案对比、材质对比。　　　　　　　　　　　　　　　　　　　　　　　　　　　　（　　）

22.服装中的强调是通过强调造型、色彩、细节等来体现服装的风格。　（　　）

23.根据口袋与衣片的关系,将口袋分为贴袋、挖袋、插袋三种类型。　（　　）

24.贴袋的设计可以从工艺上去进行变化设计,如拼接、镶边、褶裥、刺绣等。　　　　　　　　　　　　　　　　　　　　　　　　　　　　　　（　　）

25.挖袋的设计在于袋盖位置的变化和袋口的造型。　　　　　　　（　　）

26.细节连接设计是指服装上起连接作用的部件的设计,和口袋设计一样只具有实用功能。 （　　）

27.纽扣在服装上处于非常显眼的位置,它的外形对服装整体效果有很大的影响,所以纽扣在服装的外形上只有装饰功能。 （　　）

28.纽扣设计可以从纽扣形状、大小、材质、位置进行设计。 （　　）

29.拉链设计的时候可以通过改变拉链的方向、移动拉链的位置来改变服装的款式设计。 （　　）

30.连接件的设计是为了补充服装的实用功能并且对服装进行装饰。 （　　）

31.统一是指在设计的时候服装在整体风格、色彩、图案等方面统一。 （　　）

32.服装中的对称是重心平衡,均衡不是重心平衡。 （　　）

33.服装造型变化不一定以人体为基准。 （　　）

34.H形的特征:上衣和大衣以不收腰、宽下摆,或收腰、宽下摆为基本特征。 （　　）

35.小喇叭裤是A形服装轮廓。 （　　）

36.A形特征:上衣和大衣以不收腰、窄下摆为基本特征。 （　　）

37.鱼尾裙是典型的S形服装轮廓。 （　　）

38.T形服装给人洒脱、刚强的中性美。 （　　）

39.服装细节设计就是服装的局部造型设计,是服装内各零部件的结构设计。

（　　）

40.领、口袋、纽扣、袢带等零部件和服褶裥、分割线等内部结构设计不算是服装细节设计。 （　　）

41.服装细节设计的方法有变形法、移位法、材料转换法。 （　　）

42.对局部用拉伸、扭转、破坏等手法处理使原型变化属于移位法。 （　　）

43.移位法是指对服装的内部构成做变化,并将内部零件做移动位置的处理。

（　　）

44.材料转换法是指通过变换原有服装细节的材料而形成新的设计。 （　　）

45. 一个漂亮的领部设计不但可以美化服装而且可以美化脸部。 （　　）

46. 领口领、翻领、翻驳领在工艺上是将领片与衣身缝合,因此也称为装领。（　　）

47. 根据衣领的结构特征将领分为无领、翻领、翻驳领三大类。 （　　）

48. 领口领包括一字领、圆领、V形领、翻领、梯形领。 （　　）

49. 翻驳领给人干练、庄重、开朗的感觉,常用于西装、大衣、风衣等外套中。（　　）

50. 领的设计应对人的脸型起到良好的烘托或调节作用。 （　　）

51. 圆装袖也称为西装袖,是一种比较适体的袖型,多采用一片袖的裁剪方式。

　　（　　）

52. 同样规格的上衣,平装袖比圆装袖窄小。 （　　）

53. 同样规格的上衣,平装袖的袖山弧线与袖窿弧线相等,有时甚至还短一点。

　　（　　）

54. 塌肩者适合穿插肩袖。 （　　）

55. 老年服装、中式服装、居家服通常做成插肩袖设计。 （　　）

56. 休闲装中的口袋设计常用贴袋。 （　　）

57. 挖袋一般隐蔽性好,与接缝浑然一体,常用于实用功能强而不注重装饰功能的
服装中。 （　　）

58. 连接件设计主要包括纽扣设计、拉链设计、袢带设计。 （　　）

59. 服装中过分统一会让人觉得单调、生硬,但一味强调变化又会造成杂乱、花哨。

　　（　　）

60. 袢带一般用于休闲装、运动装中,袢带的主要特征是实用性。 （　　）

61. 折线是斜线的组合,经过组合后的折线让人感觉活泼、动感。 （　　）

62. 节裙上收缩形成的褶是自然褶。 （　　）

63. 褶在服装中的运用是将布进行相同形式的折叠。 （　　）

64. 服装中的刀背缝分割线既具有功能性作用,又具有装饰性作用。 （　　）

65. 省道线设计是指让服装更美观而采取的一种塑性方法。 （　　）

66.服装结构线包括:省道线、分割线、褶等。　　　　　　　　　　（　　）

67.服装廓形的变化也主要是对几个关键部位的强调或掩盖,因其强调或掩盖的程度不同,便形成了各种不同的廓形。　　　　　　　　　　　　　　　（　　）

68.外轮廓呈S形的服装外形轮廓变化较小。　　　　　　　　　　（　　）

69.S形的服装以胸围度、臀围度适中而腰围收紧为基本特征。　　　（　　）

70.T形上衣、大衣、连衣裙等以夸张肩部、收缩下摆为主要特征。　（　　）

71.省道线是服装设计的基本元素,而分割线在服装设计中运用最多。　（　　）

72.装饰性分割线通常情况下是装饰性和功能性的综合。　　　　　（　　）

73.外轮廓成S形的服装,外形轮廓变化较大,如旗袍、直筒裤等,女人味十足。

　　　　　　　　　　　　　　　　　　　　　　　　　　　　　（　　）

74.H形的上衣和大衣以不收腰、窄下摆为基本特征,衣身呈直筒状。　（　　）

75.省道线设计是指为了让服装贴合人体而采用的一种塑形方法。　（　　）

四、简答题

1.列举四种以英文字母表示的服装外廓形并简要阐述其特点及美感。

2.什么是服装的分割线,按功能可分为哪几种类型?

3.列举服装细节设计中的方法并简要阐述其特点。

4.衣领根据结构特征可分为哪几种领型,并简要阐述每种领型的特点。

5.袖子的三种分类依据是什么?并举例说明。

6.根据口袋与衣片的关系,口袋能分为哪三种类型,其各自的特点是什么?

7.什么是服装中的连接设计,其主要包括哪些设计?

8.列举服装款式设计的原则与方法。

9.领子的两种分类依据是什么？并举例说明。

10.什么是服装结构线,它有什么作用？

11.服装中的褶有什么作用,根据褶形成的方法可以分为哪两种褶？

12.服装内部线条设计对服装的整体设计风格有一定的影响,请列举五种线条并简述其性能。

13.简述领子的设计要点。

14.简述袖子的设计要点。

15.简述口袋的设计要点。

16.简述服装连接件的设计要点。

17.看题17图回答,图中领子叫什么领(两种名字),并说出其特点及美感。

题17图

18.看题18图回答,图中服装运用了哪几种设计原则与方法?

题18图

学习任务三　服装色彩设计

一、填空题

1. 服装给人第一视觉冲击的是_____,其次才是服装款式、面料等因素。

2. 色彩中,_____象征着辉煌、光明、富贵、权威、高雅、乐观、希望、智慧等。

3. 介于白色和黑色之间,可以和任何色彩搭配,时尚而不失稳重的颜色是_____。

4. 色彩搭配中,_____搭配是指以某一色相为基调,进行明度或纯度变化后的搭配。

5. 互补色配色形成鲜明的对比,_____最强,补色搭配有时候会收到意想不到的效果。

6. 服装的流行是根据_____而变化的,影响服装流行的因素有很多,如常见的色彩、款式、面料等。

7. 流行色是人们追求美和时尚的表现,其特点是周期性_____。

8. 流行色的运用要根据服务群体来进行选择,由于_____的差异每个人对色彩的感觉都不尽相同,所以流行色的运用要针对不同的人群做不同的设计。

9. 在一年四季中,_____季流行色一般比较明亮、鲜艳,色彩明度和纯度高。

10. 对于比较贵重、寿命比较长的高档西装、外套、皮衣等服装,在进行设计的时候就很少考虑流行色的运用,一般是以_____或_____为主。

11. 在西方象征危险、警告,让人紧张不安的色彩是_____。

12. 色彩搭配中,_____是指在色相环上两个邻近的色彩进行搭配,这种色彩组合又称_____。

13. 在色相环上,相隔120°~180°的色搭配是_____搭配。

14. 运用补色搭配的时候要突出分开_____和_____,用重点色来吸引人的眼球。

15. 色彩中最温暖的色彩是_____。

16. 常被予以希望、生命之色的是_____。

17. 在中国古代,王室贵族的专用色彩是_____。

18. 在东方,运用在服装上代表喜庆、祥和的色彩是_____。

19. 在实际运用流行色的时候必须综合考虑服装款式,穿着_____和_____等。

20. 流行色在服装设计中的运用是非常广泛的,流行色的运用也会影响服装的_____。

21. 经过全方位的考虑之后做出的设计,才能更好地在服装上体现流行色的作用,了解流行色运用在服装中应注意的问题,培养自身的_____,做出保持自我_____又符合潮流的设计。

22. 橙色象征着_____,用于秋冬的服装可以增加温暖感。

23. 在色相中最冷的色彩是_____。

24. 在所有色彩中明度最低的颜色是_____。

25. 灰色象征稳重、忧郁、随和、中庸、_____、_____等。

26. 色彩能通过视觉反映到大脑影响人的情绪,每种色彩给人的情感特征都不同,要使服装配色达到好的效果,就需要掌握各种色彩运用在服装中的基本_____。

27. _____既能表现高贵又能表现庸俗,且它是一种孤傲的色相,比较难搭配。

28. 黑、白、灰在色彩中属于_____,在服装设计中它们是永恒的经典色,不会因为流行而被淘汰。

29. 在色彩搭配中,红、黄、蓝三原色搭配属于_____搭配。

30. 高纯度色搭配是指用纯度较高的色彩进行组合搭配。这种色彩搭配给人_____、_____的感觉,和对比色搭配的效果相似。

31. _____是指在某个特定的时期和地区,被大多数人喜爱的几种或几组色彩的搭配。

32.色彩组合的效果是柔和还是刺激取决于色彩＿＿＿＿＿＿＿、＿＿＿＿＿＿＿、＿＿＿＿＿＿＿的组合方式。

33.以色彩的色相为依据,色调可以分为＿＿＿＿＿＿＿色调和＿＿＿＿＿＿＿色调两种。

34.秋冬季流行色一般比较沉稳、祥和,色彩＿＿＿＿＿＿＿和＿＿＿＿＿＿＿低。

35.以色彩的明度为依据,色调可以分为＿＿＿＿＿＿＿色调、＿＿＿＿＿＿＿色调和＿＿＿＿＿＿＿色调三种。

36.在实际色彩的运用中,为了表现对比强烈运用＿＿＿＿＿＿＿调、＿＿＿＿＿＿＿调;追求平静就运用＿＿＿＿＿＿＿调、纯度弱的灰调。

37.＿＿＿＿＿＿＿是服装给人的第一印象,它的重要性决定了色彩搭配在服装设计中的地位。

38.色彩搭配中,对比色搭配的服装让人感觉＿＿＿＿＿＿＿、＿＿＿＿＿＿＿、＿＿＿＿＿＿＿。

39.低纯度色搭配容易给人沉闷、压抑、平淡的感觉,所以在搭配时可以增加色相的对比度和＿＿＿＿＿＿＿来调节这种感觉。

40.＿＿＿＿＿＿＿是指用纯度比中纯度还低的色彩进行搭配。

41.＿＿＿＿＿＿＿是指用纯度适中的色彩进行搭配。

42.由于地理文化的差异每个人对色彩的感觉都不尽相同,所以服装流行色的运用还要根据＿＿＿＿＿＿＿来进行选择。

43.互补色搭配是指在色相环上两个相隔＿＿＿＿＿＿＿度的颜色进行的搭配。

44.服装中的色彩是由基本色和＿＿＿＿＿＿＿共同组成的。

45.以色彩的纯度为依据,色调可以分为＿＿＿＿＿＿＿色调、＿＿＿＿＿＿＿色调和＿＿＿＿＿＿＿色调三种。

46.橙色象征着温暖、幸福、亲切、华丽、积极、友爱等,对视觉的冲击力仅次于＿＿＿＿＿＿＿色。

47.所有有色彩中亮度最高的颜色是＿＿＿＿＿＿＿。

48.紫色是不易获得也不稳定的颜色,因此高贵、＿＿＿＿＿＿＿、神秘。

49.白色属于＿＿＿＿＿＿色,比较适合瘦弱的人,穿着起来会显得丰满些。

50.对服装色彩＿＿＿＿＿＿的了解,是服装设计者将色彩灵活运用在服装中的前提。

二、单项选择题

1.在东方,运用在服装上代表喜庆、祥和给人热闹的视觉感受,常作为婚庆服装的色彩是(　　)。

　　A.红色　　　　　　B.绿色　　　　　　C.黄色　　　　　　D.蓝色

2.下列色彩中,色相最冷,让人感觉冷静、忧郁、没有活力的颜色是(　　)。

　　A.红色　　　　　　B.绿色　　　　　　C.黄色　　　　　　D.蓝色

3.下列色彩中具有收缩的特性,使穿着者看起来比较苗条,因此受到很多肥胖者青睐的是(　　)。

　　A.黑色　　　　　　B.白色　　　　　　C.红色　　　　　　D.金色

4.下列色彩象征着富贵、权力、奢华、优雅、前卫、富有等,运用于礼服中,让人感觉华丽、富贵的是(　　)。

　　A.红色　　　　　　B.黄色　　　　　　C.金色　　　　　　D.橙色

5.在色彩搭配中,以某一色相为基调,进行明度或纯度变化后的搭配是(　　)。

　　A.互补色搭配　　B.对比色搭配　　C.同类色搭配　　D.邻近色搭配

6.服装让人感觉醒目、抢眼、激动的搭配是(　　)。

　　A.类似色搭配　　B.同类色搭配　　C.近似色搭配　　D.对比色搭配

7.色彩搭配时要突出分开主色和辅色,用重点色来吸引人眼球的配色是(　　)。

　　A.类似色搭配　　B.近似色搭配　　C.互补色搭配　　D.同类色搭配

8.流行色的高潮期一般为(　　)。

　　A.半年　　　　　　B.1~2年　　　　　C.1~4年　　　　　D.1~6年

9.较贵重的高档外套常用的色彩下列正确的是(　　)。

　　A.流行色　　　　　B.经典色　　　　　C.冷色　　　　　　D.暖色

10.流行色的特点是周期性(　　)。

　　A.长　　　　　　B.短　　　　　　C.不一致　　　　　　D.不确定

11.春夏季用于服装配色的流行色一般比较明亮、鲜艳,有较高的色彩明度和

(　　)。

　　A.色相　　　　　　B.纯度　　　　　　C.明度　　　　　　D.色调

12.对流行色的运用来进行选择还要考虑(　　)。

　　A.个体　　　　　　B.款式　　　　　　C.廓形　　　　　　D.服务群体

13.有色彩中亮度最高的颜色是(　　)。

　　A.红色　　　　　　B.绿色　　　　　　C.黄色　　　　　　D.蓝色

14.下列色彩中具有柔和、稳重的特性,适用于各种年龄的服装色彩是(　　)。

　　A.灰色　　　　　　B.绿色　　　　　　C.黄色　　　　　　D.红色

15.下列不适宜用流行色的服装是(　　)。

　　A.高档西服　　　　B.连衣裙　　　　　C.时尚服装　　　　D.大衣

16.服饰中最明亮的视觉语言是(　　)。

　　A.款式　　　　　　B.图案　　　　　　C.色彩　　　　　　D.都不是

17.下列色彩中代表秋季成熟的颜色,有富丽繁华感觉的是(　　)。

　　A.红色　　　　　　B.橙色　　　　　　C.灰色　　　　　　D.白色

18.黄色象征着(　　)。

　　A.辉煌　　　　　　B.光明　　　　　　C.希望　　　　　　D.全都是

19.具有较弱的独立性,略加入其他色素,就会改变原有感觉色彩是(　　)。

　　A.蓝色　　　　　　B.黄色　　　　　　C.紫色　　　　　　D.绿色

20.运用到服装上给人神秘、高雅、稳重的视觉感受,是礼服常用颜色的是(　　)。

　　A.褐色　　　　　　B.黄色　　　　　　C.深绿色　　　　　D.深蓝色

21.下列色彩中象征着神秘、优雅、忧郁、高贵、华丽、孤独自傲等情感的是(　　)。

　　A.红色　　　　　　B.紫色　　　　　　C.橙色　　　　　　D.白色

22.下列色彩中象征着稳重、忧郁、随和、中庸、平凡、沉默等情感的是(　　　)。

　　　A.红色　　　　　　B.黄色　　　　　　C.灰色　　　　　　D.绿色

23.用黄金和白银的色泽,光亮、闪耀,让服装看起来华丽、前卫,常用于高级时装和礼服定制等的色彩是(　　　)。

　　　A.金、黄　　　　　B.金、白　　　　　C.金、银　　　　　D.都不是

24.下列属于膨胀色,比较适合瘦弱的人,穿着起来会显得丰满些的色彩是(　　　)。

　　　A.白色　　　　　　B.黑色　　　　　　C.绿色　　　　　　D.紫色

25.每种色彩给人的情感特征都不同,它能反映到大脑,影响人的情绪主要是通过人的(　　　)。

　　　A.触感　　　　　　B.视觉　　　　　　C.心情　　　　　　D.语言

26.下列色彩中明度最低的颜色是(　　　)。

　　　A.棕色　　　　　　B.褐色　　　　　　C.黑色　　　　　　D.紫色

27.象征纯洁、干净、和平、神圣、平安、柔弱的色彩是(　　　)。

　　　A.绿色　　　　　　B.白色　　　　　　C.黄色　　　　　　D.蓝色

28.象征着成熟、稳定、随和、古朴、含蓄等,运用在服装中给人成熟、踏实感觉的色彩是(　　　)。

　　　A.褐色　　　　　　B.银色　　　　　　C.黄色　　　　　　D.绿色

29.同色调配色是指在色相环上两个邻近的色彩进行搭配,这种色彩组合又称(　　　)。

　　　A.同类色搭配　　　　　　　　　　B.近似色搭配

　　　C.对比色搭配　　　　　　　　　　D.互补色搭配

30.在色相环上两个相隔180°的颜色进行搭配是指(　　　)。

　　　A.互补色搭配　　　　　　　　　　B.邻近色搭配

　　　C.同类色搭配　　　　　　　　　　D.对比色搭配

31.高纯度色搭配是指纯度较高的色彩进行组合搭配。这种色彩搭配给人的感觉

是( )。

    A.艳丽、刺激　　　　B.沉稳、厚重　　　　C.柔和、自信　　　　D.和谐、统一

32.常用于秋冬季的服装,色彩给人感觉厚重温暖的色彩搭配是( )。

    A.高纯度色　　　　B.中纯度色　　　　C.低明度色　　　　D.低纯度色

33.下列属于高级时装常用的色彩是( )。

    A.红、黄、蓝色　　B.红、绿、蓝色　　C.黑、白、灰色　　D.金、银、褐色

34.服装中的色彩组成包括流行色和( )。

    A.基本色　　　　B.互补色　　　　C.无彩色　　　　D.有彩色

35.秋冬季流行色一般比较沉稳、祥和,用于秋冬季服装的色彩有较低的纯度和( )。

    A.纯度　　　　B.色相　　　　C.明度　　　　D.色调

36.服装的( )决定了色彩搭配在服装设计中的地位。

    A.款式　　　　B.色彩　　　　C.材料　　　　D.图案

37.下列色彩在服装上给人青春、活力的视觉感受的是( )。

    A.红色　　　　B.绿色　　　　C.黄色　　　　D.蓝色

38.色彩组合的效果是柔和还是刺激取决于色彩的( )组合。

    A.明度　　　　B.纯度　　　　C.色相　　　　D.以上三个答案

39.在实际运用流行色的时候必须综合考虑服装款式、服务对象、( )。

    A.服装材料　　B.穿着场合　　C.服装色彩　　D.服装图案

40.下列色彩属于对比色的一组是( )。

    A.红色与紫色　　B.黄色与蓝色　　C.黑色与白色　　D.橙色与黄色

41.象征着温暖幸福,用于秋冬的服装可以增加温暖感的色彩是( )。

    A.褐色　　　　B.橙色　　　　C.蓝色　　　　D.紫色

42.在中国古代作为王室贵族的专用色彩,能给人富贵、权力的感觉的颜色是( )。

A.黄色　　　　　B.红色　　　　　C.蓝色　　　　　D.黑色

43.色彩在服装上给人明净、柔和的视觉感受,常用于夏季服装中的是(　　　)。

A.浅蓝色　　　　B.墨绿色　　　　C.褐色　　　　　D.土黄色

44.在色相环中最冷的颜色是(　　　)。

A.紫色　　　　　B.青色　　　　　C.蓝色　　　　　D.绿色

45.在服饰中给人以高雅、神秘的感觉,华贵又不失稳重的内涵的色彩是(　　　)。

A.黑色　　　　　B.黄色　　　　　C.灰色　　　　　D.绿色

46.某种颜色根据其情感色彩,常运用于设计中性风格的服装,这种颜色是(　　　)。

A.褐色　　　　　B.黄色　　　　　C.橙色　　　　　D.绿色

47.作为土地的颜色,且运用在服装中给人成熟、踏实的感觉的颜色是(　　　)。

A.灰色　　　　　B.褐色　　　　　C.红色　　　　　D.蓝色

48.在服装中运用非常广泛,也成为高级时装常用颜色的一组色彩是(　　　)。

A.红黄蓝　　　　B.红绿蓝　　　　C.黑白灰　　　　D.都不是

49.流行色的产生到消退一般经过(　　　)。

A.2~3年　　　　B.3~5年　　　　C.5~7年　　　　D.6~7年

50.下列一组色彩属于邻近色的是(　　　)。

A.紫色和橙色　　　　　　　　　　B.红色和黄色

C.紫色和蓝色　　　　　　　　　　D.橙色和绿色

三、判断题

1.蓝色是冷色,青色是暖色。　　　　　　　　　　　　　　　　　　　(　　　)

2.色彩分为有彩色和无彩色。　　　　　　　　　　　　　　　　　　　(　　　)

3.黄色代表秋季成熟的颜色,有富丽繁华的感觉。　　　　　　　　　　(　　　)

4.黑色属于收缩色,比较适合瘦弱的人,黑色衣服穿起来会使人显得丰满些。

(　　　)

5.红色和橙色是一组邻近色。　　　　　　　　　　　　　　　　　　　(　　　)

6.橙色象征着辉煌、光明、富贵、权威、高雅、乐观、希望、智慧等。　　　　（　　　）

7.黄色是色彩中亮度最高的颜色。　　　　（　　　）

8.紫色是色彩中明度最低的颜色。　　　　（　　　）

9.邻近色相隔30°,互补色相隔120°~180°。　　　　（　　　）

10.有彩色是除了黑白色以外的所有色彩。　　　　（　　　）

11.蓝色和黄色是一组对比色,色相相隔120°~180°。　　　　（　　　）

12.在女性服装中红色可体现女人的妩媚、妖娆,蓝色体现女人的冷静、忧郁。

（　　　）

13.色彩的冷暖调是由色彩的色相来划分的。　　　　（　　　）

14.明度高的淡绿色比深绿色更让人感到庄重。　　　　（　　　）

15.色彩组合的效果是柔和还是刺激取决于色彩的色相、明度、纯度组合。　（　　　）

16.以纯度为主的色调分为高纯度调、中纯度调、低纯度调。　　　　（　　　）

17.流行色是指在某个特定的时期和地区内,被大多数人喜爱的几种或几组色彩的
搭配。　　　　（　　　）

18.对比色搭配是指在色相环上两个相隔180°的颜色。　　　　（　　　）

19.互补色有红和绿、橙与紫、蓝与黄的组合。　　　　（　　　）

20.明度较高的低纯度服装,给人优雅、清淡的感觉。　　　　（　　　）

21.流行色的周期性长。　　　　（　　　）

22.流行色是在特定的时间内进行周期性变化的色彩组合。　　　　（　　　）

23.服装中的色彩是由基本色和流行色共同组成的。　　　　（　　　）

24.服装给人第一视觉冲击的是款式,其次才是服装色彩、面料等因素。　（　　　）

25.色彩在服饰中是最明亮的视觉语言,通过不同形式的组合影响着人们的情感,
并且充分体现着装者的个性风格。　　　　（　　　）

26.红色是血的颜色,在西方象征着危险、警告,让人紧张不安。　　　　（　　　）

27.橙色象征着温暖幸福,多用于夏天的颜色。　　　　（　　　）

28.黄色的独立性较强,略加入其他色素,黄色就会改变原有的感觉。　　（　　）

29.绿色是大自然植物的颜色,常被予以希望、生命之色。　　（　　）

30.流行色的产生也受到政治、经济、文化、环境、科技等因素的影响。　　（　　）

31.蓝色在服装上给人明净、柔和的视觉感受,只用于夏季服装中。　　（　　）

32.灰色具有柔和、稳重的特性,适用于年龄稍长的人群。　　（　　）

33.同类色搭配由于色差很小,服装很统一、和谐,不会给人单调乏味的感觉。

（　　）

34.近似色搭配是指在色相环上两个邻近的色彩进行搭配。　　（　　）

35.近似色搭配的色彩处于同一基调,和谐统一,色差跟同类色差不多,组合效果略显单调。　　（　　）

36.对比色搭配首先要明确主色,主色在服装中占大比例的面积或在比较重要的位置。　　（　　）

37.对比色配色色彩间形成鲜明的对比,视觉冲击力最强。　　（　　）

38.高纯度色搭配使服装看起来既刺激又活泼。　　（　　）

39.影响服装流行的因素只有色彩和款式。　　（　　）

40.流行色产生的原因只受消费者心理因素的影响。　　（　　）

41.流行色的产生到消退一般经过5～7年,高潮期一般为2～3年。　　（　　）

42.流行色是由专门预测机构发布的,分春、夏、秋、冬的流行趋势。　　（　　）

43.流行色是引导服装流行的一个因素。　　（　　）

44.流行色的运用很广,不管是寿命比较短的便宜服装或者是寿命比较长的高档西装都会运用到它。　　（　　）

45.褐色是土地的颜色,适用于不同款式和不同年龄阶段的人群。　　（　　）

46.春夏季流行色一般比较明亮、鲜艳,明度和纯度高的色彩多用于春夏季服装配色。　　（　　）

47.流行色是一组颜色,因此在将流行色运用到服装上的时候,是要将所有流行的颜色都用在服装上。（　　）

48.在实际运用流行色的时候必须综合考虑服装款式、服务对象、穿着场合等。

（　　）

49.胖体型穿浅色颜色会使身材显得相对苗条。（　　）

50.在色彩搭配中只有黑、白、灰色有调和作用。（　　）

51.多种同类色彩搭配给人时尚、艳丽、活泼的感觉。（　　）

52.红、黄、绿色调都是暖色调。（　　）

53.色彩搭配是用不同色彩进行组合,使服装达到赏心悦目的艺术效果。（　　）

54.紫色是比较中性的颜色,根据其情感色彩,运用于设计中性风格的服装。

（　　）

55.黑、白、灰在服装设计中是永恒的经典色。（　　）

56.流行色长期使用后会成为常用色,但常用色不能成为流行色。（　　）

四、简答题

1.简述黄色的色彩象征及运用在服装中的情感特征。

2.简述橙色的色彩象征及运用在服装中的情感特征。

3.简述紫色的色彩象征及运用在服装中的情感特征。

4.简述红色的色彩象征及运用在服装中的情感特征。

5.简述蓝色的色彩象征及运用在服装中的情感特征。

6.简述绿色的色彩象征及运用在服装中的情感特征。

7.简述金、银色的色彩象征及运用在服装中的情感特征。

8.无彩色有哪些？它们的色彩象征及运用在服装中的情感特征是什么？

9.以色彩的明度为依据可分为哪几种色调,并举例说明。

10.什么是对比色搭配？运用在服装中它有什么特点,搭配时应注意些什么？

11.什么是互补色搭配？运用在服装中它有什么特点并举例说明。

12.简述什么是同类色、近似色搭配。它们各有什么特点？

13.简述什么是高、中、低纯度色搭配。它们各自有什么特点？

14.简述色彩搭配不协调时应采用哪些调和方法。

15.什么是流行色,流行色产生的原因有哪些?

16.简述流行色对服装的影响。

学习任务四　服饰图案

一、填空题

1.从广义上讲,一切元素构成的具有一定美感的造型、结构、色彩、肌理及装饰图形都可以称为_____。

2.从狭义上讲,一般把具有_____作用的图形统称为图案。

3.构成图案的基本要素是_____、_____与_____。

4.动物纹样在中国服装史上最典型的代表是_____,常用龙凤、虎豹等动物形象象征不同的官阶和身份。

5.图案的组成形式可分为_____、_____、_____、_____四种。

6.把纹样组织在一定的外形轮廓中,具有装饰效果的纹样就是_____。

7._____纹样是指一个单独纹样向上下左右四个方向反复连续循环排列产生的纹样。

8.图案是上衣服装的装饰重点,图案对其他部位的装饰造型起着主导作用。主要的图案装饰部位有_____、衣摆、领、_____等。

9._____是中国的传统民间工艺,是指用各种彩线凭借针在织物上的穿刺运动来加工图案的方法。

10.在服饰图案的装饰手法中,以棉、麻、化纤、玻璃纱、生丝等为面料,用不同颜色的凤尾纱,分别剪切成各种形状的花瓣、花叶,经精心粘贴,然后采用不同针法进行缝缀刺绣而成的手法是_____。

11.休闲服追求自由自在、任意搭配、突出个性、崇尚自然,因此休闲服的图案设计应以_____、_____为主。

12.在图案的大家族中,专用于服装上的装饰性图形叫作_____图案。

13._____图案是以自然界客观事物为基础,通过艺术处理创作出来的图形。它主要有植物图案、动物图案、_____图案、人物图案等。

14._____图案是指不表现客观物体形态,而以点、线、面为基本元素按照一定的形式美法则组成的图案。它主要包括_____图案、_____图案、_____图案。

15.不定形图案是指用点、线、面构成的自由、不受约束的抽象纹样。它具有_____、_____的特点。

16.不受外形限制,不与周围发生直接联系,可以独立存在和使用的纹样是_____。

17.二方连续纹样是指一个_____纹样向上下或左右两个方向反复连续循环排列产生的,富有节奏和韵律感的横式或纵式的带状纹样,也称_____纹样。

18.印花是指用纺织颜料在织物上印刷图案的工艺形式,主要有_____印花、_____印花两种。

19.烂花称为_____加工,它是指将两种纤维组成的_____、_____或_____的织物进行腐蚀加工,使其中一种纤维腐蚀,保留另一种纤维而形成图案的加工方法。

20._____是指通过在三层织物(面料、垫料、衬料)上缝制装饰性缉线来形成图案的加工方法。

21.职业服一般可分为_____、_____两类。

22._____图案是女装、童装常用的装饰图形。

23._____图案主要用于休闲服、童装等。

24._____图案在服装设计运用中要注意避开分割线、省道以免破坏图案的完整性。

25.几何图案是由_____的点、线、面构成。

26.文字图案的形象塑造主要是由_____、_____构成。

27. 不定形图案主要用于_____服装、_____服装。

28. _____纹样是组成适合纹样、二方连续纹样、四方连续纹样的基础。

29. 先确定适合纹样的外形,再定出骨架线,最后在_____上表现花、叶、枝干的动势走向。

30. 补花工艺主要有_____、_____(广东)、_____(江苏)三个代表产地。

31. 编结是用一根或若干根_____以相互_____而形成图案的方法。传统的手工编结有_____和_____两种方法。

32. 裤子的图案装饰部位一般在_____、_____、_____等。

33. 裙、连衣裙图案的装饰部位一般在_____、_____、_____等。

34. T恤衫与_____一起构成了全球流行、穿着人数较多的服装。

35. _____是以网络化、宇宙探索、宏微观世界、基因工程等_____为素材加工而成的图案。

二、单项选择题

1. 下列属于服饰图案的是( )。

    A. 花卉刺绣　　　　B. 荷叶边　　　　　C. 喇叭袖　　　　　D. 工字褶

2. 服饰图案是专用于服装上的( )。

    A. 袢带　　　　　　B. 拉链　　　　　　C. 纽扣　　　　　　D. 装饰性纹样

3. 剪纸上变形的花朵纹样属于( )。

    A. 具象图案　　　　B. 文字图案　　　　C. 抽象图案　　　　D. 几何图案

4. 清代官服用于区分官位等级的补子用的纹样是( )。

    A. 动物纹样　　　　B. 具象纹样　　　　C. 植物纹样　　　　D. 抽象纹样

5. 常用在连衣裙面料上的波点图案属于( )。

    A. 文字图案　　　　B. 动物图案　　　　C. 植物图案　　　　D. 抽象图案

6. 神态生动,表现可写实可夸张的图案是下列( )。

A.风景图案   B.几何图案   C.人物图案   D.植物图案

7.下列图案以规则的点、线、面构成的,具有单纯明朗、富有装饰性特征的抽象图案是( )。

A.文字图案   B.不定形图案   C.几何图案   D.科技图案

8.放大镜下看的细菌图属于图案中的( )。

A.几何图案   B.科技图案   C.文字图案   D.不定形图案

9.服装"李宁"品牌商标图属于下列图案中的( )。

A.适合纹样   B.具象图案   C.单独纹样   D.填充纹样

10.把图形纹样组织在一定的外形轮廓中,具有装饰效果的纹样就是( )。

A.四方连续纹样   B.适合纹样

C.单独纹样   D.二方连续纹样

11.用豹纹设计的面料,其图案的组织形式是( )。

A.四方连续纹样   B.单独纹样

C.二方连续纹样   D.适合纹样

12.组成四方连续纹样的基础是( )。

A.二方连续纹样   B.单独纹样

C.适合纹样   D.填充纹样

13.动物图案以它独特的活力和情趣,在现代服装设计中主要用于( )。

A.休闲服、童装   B.中老年装

C.西装   D.风衣

14.T恤衫上的明星照和动物头像是( )。

A.具象图案   B.抽象图案

C.不定形图案   D.科技图案

15.服装上衣图案的主要装饰部位是( )。

A.胸部   B.下摆   C.领   D.全都是

16.二方连续纹样用在服装中所具有的美感是( )等。

    A.协调   B.对比   C.强调   D.韵律

17.用纺织颜料在织物上印刷图案的工艺形式是( )。

    A.刺绣   B.印花   C.烂花   D.编结

18.图案可严谨、可随意,穿着自然、舒适、潇洒的服装是( )。

    A.礼服   B.西服   C.T恤衫   D.都不是

19.下列服装图案设计不应太过耀眼和夸张,要讲究正式感、庄重感、分寸感的是( )。

    A.日间礼服   B.小礼服   C.晚礼服   D.都不是

20.下列构成图案的基本要素是( )。

    A.组织、纹样、色彩   B.形式、色彩、组织

    C.纹样、款式、纹样   D.形式、材质、色彩

21.广泛运用在服装设计中的植物图案是( )。

    A.花   B.叶   C.果实   D.全都是

22.春节贴在大门中间的"福"是( )。

    A.单独纹样   B.适合纹样   C.几何纹样   D.角隅纹样

23.职业时装穿着的对象主要是( )。

    A.空乘   B.白领   C.教师   D.公务员

24.图案中具有随意性、不可重复特点的是( )。

    A.不定形图案   B.几何图案   C.文字图案   D.科技图案

25.图案的组织形式可分为适合纹样、二方连续纹样、四方连续纹样、( )。

    A.具象纹样   B.抽象纹样   C.风景纹样   D.单独纹样

26.组成适合纹样的基础纹样是( )。

    A.单独纹样   B.适合纹样   C.角隅纹样   D.具象纹样

27.下列纹样外形可以是方形、圆形、三角形等的是(　　　)。

　　A.单独纹样　　　B.适合纹样　　　　C.几何纹样　　　　D.风景纹样

28.花边纹样也称为(　　　)。

　　A.四方连续纹样　　　　　　　　B.适合纹样

　　C.二方连续纹样　　　　　　　　D.单独纹样

29.具象图案主要是(　　　)。

　　A.植物图案　　　B.动物图案　　　　C.人物图案　　　　D.全都是

30.抽象图案主要是(　　　)。

　　A.几何图案　　　B.文字图案　　　　C.不定形图案　　　D.全都是

31.半截裙、连衣裙的图案装饰部位多在(　　　)。

　　A.胸前　　　　　B.臀围　　　　　　C.裙边　　　　　　D.全都是

32.下列服装一般指有明确职业特征的服装,多指军、警、公职人员、企业服装的是(　　　)。

　　A.T恤　　　　　B.职业制服　　　　C.职业时装　　　　D.休闲服

33.下列服装的图案设计应精致华丽,表现雍容、华贵与不凡气质的是(　　　)。

　　A.晚间礼服　　　B.职业服　　　　　C.西服　　　　　　D.日间礼服

34.民间传统的扎染的装饰手法属于(　　　)。

　　A.烂花　　　　　B.补花　　　　　　C.印花　　　　　　D.刺绣

35.绗缝要在织物上缝制缉线加工成图案,其织物通常要(　　　)。

　　A.一层　　　　　B.二层　　　　　　C.三层　　　　　　D.四层

36.下列服装常用绗缝装饰的是(　　　)。

　　A.外套　　　　　B.大衣　　　　　　C.夹克　　　　　　D.棉服

37.题37图所示的图案属于(　　　)。

　　A.几何图案　　　B.文字图案　　　　C.不定形图案　　　D.科技图案

38.题38图所示的图案属于(　　　)。

　　A.几何图案　　　　　　　　B.文字图案

　　C.不定形图案　　　　　　　D.科技图案

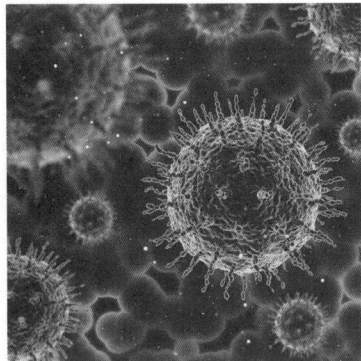

题37图

题38图

39.题39图所示的图案属于(　　　)。

　　A.几何图案　　　　　　　　B.文字图案

　　C.不定形图案　　　　　　　D.科技图案

40.题40图所示的图案组成形式属于(　　　)。

　　A.单独纹样　　　　　　　　B.适合纹样

　　C.二方连续纹样　　　　　　D.四方连续纹样

题39图

题40图

41.题41图所示的图案组成形式属于(　　　)。

　　A.单独纹样　　　　　　　　B.适合纹样

　　C.二方连续纹样　　　　　　D.四方连续纹样

42.题42图所示的图案组成形式属于(   )。

A.单独纹样   B.适合纹样

C.二方连续纹样   D.四方连续纹样

题41图

题42图

43.题43图所示的图案组成形式属于(   )。

A.单独纹样   B.适合纹样

C.二方连续纹样   D.四方连续纹样

44.题44图所示内容属于服饰图案的装饰手法中的(   )。

A.刺绣   B.烂花   C.补花   D.编结

题43图

题44图

45.题45图所示内容属于服饰图案的装饰手法中的(   )。

A.刺绣   B.绗缝   C.印花   D.补花

46.题46图所示内容属于服饰图案的装饰手法中的(   )。

A.刺绣   B.烂花   C.印花   D.补花

 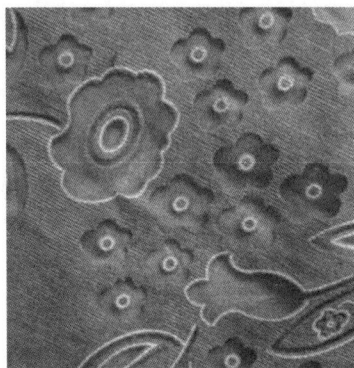

题45图   题46图

47.题47图所示内容属于服饰图案的装饰手法中的(   )。

   A.刺绣   B.绗缝   C.印花   D.补花

48.题48图所示内容属于服饰图案的装饰手法中的(   )。

   A.刺绣   B.绗缝   C.印花   D.补花

 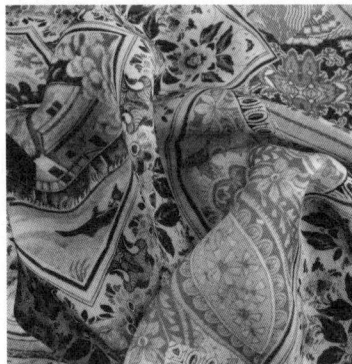

题47图   题48图

三、判断题

1.广义上一般把具有装饰作用的纹样图形统称为图案。   (   )

2.具象图案是以自然界客观事物为基础,通过艺术处理创作出来的图案。

(   )

3.古代皇帝所穿的龙袍运用的是具象纹样图案。   (   )

4.抽象图案是指表现客观物体形态,以点、线、面为基本元素按照一定的形式美法则组成的图案。   (   )

5.图案的组织形式可分为单独纹样、适合纹样、二方连续纹样、四方连续纹样四种。   (   )

6.适合纹样的外形可以是方形、圆形、三角形等。 （　　）

7.构成图案的基本要素是纹样、组织与色彩。 （　　）

8.富有节奏和韵律感的横式或纵式的带状纹样,称花边纹样,它是由单独纹样组成。 （　　）

9.虎是古代官服使用的图案。 （　　）

10.T恤衫上文字图案是具象图案。 （　　）

11.职业装的图案设计一般采用点状局部装饰、线状边缘装饰。 （　　）

12.我国春节时门上贴的门神,是属于抽象图案。 （　　）

13.一切元素构成的具有一定美感的造型、结构、色彩、肌理及装饰纹样都可以称为图案。 （　　）

14.自然界中花朵、动物羽毛、树叶、岩石纹理等都是图案。 （　　）

15.具象图案主要包括几何图案、文字图案、不定形图案。 （　　）

16.不受外形限制,不与周围发生直接联系,可以独立存在和使用的纹样叫单独纹样。 （　　）

17.二方连续纹样是指一个单独纹样向上下和左右四个方向反复连续循环排列产生的。 （　　）

18.中国传统的剪纸、刺绣属于图案。 （　　）

19.中国古代的陶器、漆器不属于图案。 （　　）

20.我国民间的双喜字图案采用相对对称的形式,属于具象图案。 （　　）

21.T恤衫以自己独特的图案语言表达着人们的精神面貌,传播着政治、经济、文化信息。 （　　）

22.图案是记载、传承文明、表达情感的方式。 （　　）

23.龙凤是古人的假想,所以由它们构成的图案是抽象图案。 （　　）

24.风景纹样由于其自身的特点,在服装设计运用中,要注意避开分割线、省道以免破坏图案的完整性。 （　　）

25.几何图案以规则的点、线、面构成,是具有单纯明朗、富有装饰性特征的具象图案。（　　）

26.不定形图案是指用点、线、面构成的自由、不受约束的抽象图案。（　　）

27.上衣图案是服装的装饰重点,图案对其他部位的纹样造型起着主导作用。

（　　）

28.绗缝是指通过在三层织物(面料、垫料、衬料)上缝制装饰性辑线来形成图案的加工方法。（　　）

29.以基因工程为素材加工的图案是抽象图案中的不定形图案。（　　）

30.植物图案造型和结构适应性强,可以适应于多种加工工艺,却不能装饰服装任何部位。（　　）

31.人物图案在服装的设计中的运用比较自由,不需要考虑其他因素。（　　）

32.文字图案的形象塑造主要是由字体的设计、文字的组合构成。（　　）

33.把图形纹样组织在一定的外形轮廓中,具有装饰效果的纹样就是单独纹样。

（　　）

34.民间传统的蜡染、扎染不属于印花。（　　）

35.日间礼服的图案设计不应太过耀眼和夸张,要讲究正式感、庄重感、分寸感。

（　　）

36.职业时装的图案设计要求含蓄、做工精致。（　　）

37.科技图案具有随意性、不可重复的特点。（　　）

38.几何图案、不定形图案都是由点、线、面构成,文字图案、科技图案不是由点、线、面构成。（　　）

四、简答题

1.什么是具象图案？主要包括哪些？

2.什么是抽象图案？主要包括哪些？

3.风景图案、人物图案在服装设计运用中应注意些什么？

4.什么是不定形图案？它有什么特点？主要用于哪些服装中？

5.简述服饰图案的四种组织形式。

6.什么是适合纹样？常用外廓形有哪些？绘制适合纹样的过程是怎样的？

7.印花有哪两种形式？民间蜡染、扎染属于哪种印花？

8.服饰图案在上衣、裤子、裙子中的主要装饰部位是哪些?

9.日间礼服与晚间礼服在图案设计时分别有什么不同之处?

10.职业装可分为哪两类,在图案设计时分别有什么不同之处?

11.看题11图,判断其内容属于图案的哪种组织形式,你判断的依据是什么?

题11图

学习任务五 专项服装设计

一、填空题

1.现代人们着装的TPO原则是指_____、_____、_____。

2.职业服装主要包括_____、_____、_____。

3.职业套装通常上衣为_____款式,下装为_____或_____款式。

4.职业套装中的西服裙针对年轻人时设计可以为_____裙或_____裙,针对老年人时设计可以为_____裙或_____裙。

5.职业套装的色彩搭配可选用上下装_____色彩,变化时可采用_____、短调组合等_____形式。

6._____职业服装包括警察、军人、护士等职业穿的服装。

7.专用职业服装应注重体现服装的_____,保护工作人员的_____。

8.酒店、销售人员的职业服装设计时应首先考虑其企业的_____要求。

9.礼服主要包括_____、_____、_____、_____等。

10.女式礼服以_____款式为主,设计时主要是变化裙的_____和_____,材质通常选用高贵华丽的_____面料、有_____的面料或_____的面料。

11.男式礼服款式多以_____或_____为主。

12.西式婚礼服多采用_____色和_____色,材质多选用_____面料和_____面料做主体,搭配裘皮、羽毛、水晶等其他材质。

13.民族节日盛装要充分体现_____,以_____为出发点,在传承的基础上可适当变化以满足需求。

14._____是生活中范围最广的一种服装,也是最能表现_____的服装。

15.休闲服装的要求主要是穿着_____、_____、_____、_____、_____等。

16.童装主要是指从孩子出生开始到初中这一阶段的服装,包括_____装、_____装、_____装、_____装。

17.婴儿装服装外轮廓多以_____形为主,幼儿装多以_____形、_____形、_____形为主。

18.学童装是_____岁儿童穿的服装,以_____服、_____服为主。

19.少年装是_____岁少年穿的服装,设计向_____趋近,但要注意保持孩子的纯真与活力,避免过分成熟。

20.职业服装包括多种类别,主要是因为_____的差异、对服装的_____的不同。

21.职业套装图案以简洁明了的_____图案、_____图案为主。

22.小礼服和晚礼服是最常用的_____礼服。

二、单项选择题

1.职业套装中的西服外形要求是( )。

A.合体　　　　B.紧身　　　　C.宽松　　　　D.都可以

2.职业套装中的西服裙通常为( )。

A.露膝裙　　　B.及膝裙　　　C.过膝裙　　　D.中长裙

3.下列属于专用职业服装的是( )。

A.警察服装　　　　　　　B.军人服装

C.消防服装　　　　　　　D.酒店服装

4.职业套装中的西裤变化主要是变化裤子的( )。

A.长短　　　　B.肥瘦　　　　C.外廓形　　　　D.材质

5.针对老年人职业套装的西服裙长短可以变化为(　　　)。

    A.及膝裙   B.过膝裙   C.露膝裙   D.超短裙

6.职业套装中的西服为服装中的(　　　)。

    A.紧身型   B.宽松型   C.适体型   D.保守型

7.下列职业套装上下装配色正确的是(　　　)。

    A.短调组合   B.长调组合   C.对比色搭配   D.互补色搭配

8.下列职业套装上下装配色错误的是(　　　)。

    A.同色搭配   B.同类色搭配   C.长调组合   D.短调组合

9.下列职业套装中图案选择正确的是(　　　)。

    A.花纹图案   B.条格图案   C.科技图案   D.几何图案

10.下列都是标志性职业服装的一组是(　　　)。

    A.警察、军人、护士服装   B.警察、教师、空乘服务人员服装

    C.军人、护士、空乘服务人员服装   D.警察、军人、教师服装

11.下列服装不属于专用职业服装的是(　　　)。

    A.宇航服   B.潜水服   C.保安服   D.消防服

12.在设计空乘服务人员的服装时首先应考虑企业的(　　　)。

    A.AI系统   B.VI系统   C.IA系统   D.IV系统

13.女式礼服款式主要以连衣裙为主,设计时常变化的部位是(　　　)。

    A.外廓形   B.领型   C.袖子   D.分割线

14.中式婚礼服色彩多采用(　　　)。

    A.白色   B.红色   C.银色   D.金色

15.童装的穿着年龄是(　　　)。

    A.0~14岁   B.1~14岁   C.0~15岁   D.1~15岁

16.婴儿装的颜色下列选用正确的是(　　　)。

    A.蓝色   B.淡蓝色   C.红色   D.玫红色

17.婴儿装的穿着年龄是(　　　)。

　　A.0~半岁　　　　　B.0~1岁　　　　　C.0~3岁　　　　　D.1~3岁

18.童装中通常选用高明度色彩的服装是(　　　)。

　　A.婴儿装　　　　B.幼儿装　　　　C.学童装　　　　D.少年装

19.童装中通常使用偏开襟和插肩开襟的服装是(　　　)。

　　A.婴儿装　　　　B.幼儿装　　　　C.学童装　　　　D.少年装

20.童装中常选用棉针织物的是(　　　)。

　　A.婴儿装　　　　B.幼儿装　　　　C.学童装　　　　D.少年装

21.既可用柔和粉色,又可用鲜亮对比色的童装是(　　　)。

　　A.婴儿装　　　　B.幼儿装　　　　C.学童装　　　　D.少年装

22.婴儿装和幼儿装都通常用的外形是(　　　)。

　　A.H形　　　　　B.X形　　　　　C.O形　　　　　D.T形

23.常用动物、植物、卡通、人物图案的童装是(　　　)。

　　A.婴儿装　　　　B.幼儿装　　　　C.学童装　　　　D.少年装

24.幼儿装的穿着年龄是(　　　)。

　　A.半岁~6岁　　　B.1~6岁　　　　C.2~6岁　　　　D.3~6岁

25.下列可用来做幼儿装外套的是(　　　)。

　　A.较柔软的弹性面料　　　　　　B.质量较好的化纤织物

　　C.光泽度较好的丝织物　　　　　D.保暖性好的毛织物

26.少年装在设计时要避免的是(　　　)。

　　A.款式丰富　　　B.过分成熟　　　C.色彩单一　　　D.面料新颖

27.职业套装的材质主要是(　　　)。

　　A.低档面料　　　B.中档面料　　　C.中高档面料　　　D.中低档面料

28.婴儿装和幼儿装的外廓形都常用(　　　)。

　　A.H形　　　　　B.A形　　　　　C.X形　　　　　D.T形

29.婴儿装和幼儿装常用的面料是(　　　)。

    A.丝织物　　　　　B.棉织物　　　　　C.毛织物　　　　　D.麻织物

30.以校服、休闲服为主的童装是(　　　)。

    A.婴儿装　　　　　B.幼儿装　　　　　C.学童装　　　　　D.少年装

31.下列属于休闲装的是(　　　)。

    A.西服套装　　　　B.快递服装　　　　C.针织外套　　　　D.礼服

32.丧礼服的色彩主要是(　　　)。

    A.褐色　　　　　　B.黑色　　　　　　C.灰色　　　　　　D.红色

33.服装扣合方式常用绳套结、暗扣的童装是(　　　)。

    A.婴儿装　　　　　B.幼儿装　　　　　C.学童装　　　　　D.少年装

三、判断题

1.现代人着装的TPO原则中"P"是指person(人)。　　　　　　　　　　　　(　　　)

2.职业套装中西服款式变化主要在领的形态、翻领、衣长等。　　　　　　(　　　)

3.职业套装的材质常以中高档面料为主,配以精致的制作工艺。　　　　(　　　)

4.职业套装的图案以夸张条纹图案和小面积的点状图案为主。　　　　　(　　　)

5.警察服装和消防员服装都属于标志性职业服装。　　　　　　　　　　　(　　　)

6.宇航员服装和空姐服装都属于专用职业服装。　　　　　　　　　　　　(　　　)

7.女式礼服为突出女性曲线美,通常会运用露肩、露背、高开衩等款式。　(　　　)

8.土家族牛王节时穿的服装属于日常礼服。　　　　　　　　　　　　　　(　　　)

9.民族节日盛装设计以民族文化为出发点体现民族特色,所以不含流行元素。

                                                    (　　　)

10.丧礼服设计必须考虑民族和宗教文化。　　　　　　　　　　　　　　(　　　)

11.夹克和毛衣都属于休闲服装。　　　　　　　　　　　　　　　　　　(　　　)

12.休闲装设计要考虑消费者的年龄、性别、文化、地域等因素。　　　　(　　　)

13.休闲服应紧跟潮流才具有市场竞争力。　　　　　　　　　　　　　　(　　　)

14. 童装是0~14岁孩子穿的服装。 （　　）

15. 婴儿装和幼儿装多选用透气性、吸湿性、保暖性和柔软性较好的棉织物为主。

（　　）。

16. 婴儿装和幼儿装在色彩上多选用柔和的粉色和鲜亮的对比色。 （　　）

17. 婴儿装为穿脱方便，多使用正开襟和偏开襟，扣合多用绳套结、暗扣等。 （　　）

18. 幼儿装是指1~6岁孩子穿的服装，多采用H和X外廓形。 （　　）

19. 幼儿装可用棉织物，也可用化纤织物做外套。 （　　）

20. 学童装是指7~12岁孩子穿的服装。 （　　）

21. 学童装以校服和休闲服为主，款式趋近成年人。 （　　）

22. 少年装是指12~15孩子穿的服装。 （　　）

23. 护士服设计首先要考虑本医院的VI系统要求。 （　　）

24. 宇航服和潜水员服都有保护工作人员人身安全的作用。 （　　）

25. 职业套装色彩常以基础色为主，流行色作为点缀。 （　　）

26. 职业套装都是上衣西服，下装西裤。 （　　）

27. 西式婚礼服款式与小礼服、晚礼服相似，但多是含蓄地表现性感美。 （　　）

28. 西式婚礼服多以白色和各种粉红色为主。 （　　）

29. 婚礼服不受民族习俗的影响。 （　　）

30. 民族节日盛装受民族习俗的影响。 （　　）

31. 小礼服的图案可使用优美的植物图案和怪诞图案，但不选择幼稚的卡通图案。

（　　）

32. 婚礼服多采用有光泽的面料或蕾丝面料。 （　　）

33. 丧礼服色彩以黑、灰色为主，材质以质朴面料为主。 （　　）

34. 休闲服的设计要考虑同一服装在不同着装时会产生的穿着效果。 （　　）

35. 休闲装的设计要考虑不同消费群体的差异。 （　　）

四、简答题

1.现代人着装的TPO原则是什么？职业服装主要包括哪些类型？

2.职业套装设计在款式、色彩、材质、图案上有哪些要求？

3.简述在进行专用职业服装设计时应注意些什么,并列举两种专用职业服装。

4.日常礼服设计在款式、色彩、材质、图案上有哪些要求？

5.西式婚礼服设计有哪些要求？

6.简述休闲服设计的主要要求,并列举三种以上休闲服名称。

7.婴儿装设计在款式、色彩、材质、图案上有哪些要求？

8.幼儿装设计在款式、色彩、材质、图案上有哪些要求？

学习任务六　服装系列设计

一、填空题

1.系列是表达一类产品中具有_____或_____的要素,且依一定的次序和_____构成完整而又有联系的产品或者作品形式。

2.系列服装设计的特点有_____、_____。

3.服装是社会生活的一面镜子,是时代文化模式中社会活动的一种表现形式,服装的设计及其风貌反映了一定历史时期的_____。

4.服装风格,是服装的_____、_____、_____、_____形成统一,具有鲜明的倾向性的外观形式。

5.每一系列服装能在多元素组合中表现出_____的美感特征。

6.优秀的服装系列设计在设计上应做到_____、_____,既有丰富的主题又有统一有序的风格。

7.系列设计大多都有一个设计主题,主题就是设计作品中所要表现的_____,反映的现象。

8.面料系列设计,在强调面料风格时,不能不考虑此种面料的_____与穿着对象的关系。

9.系列服装设计是根据_____而设计制作的具有相同因素,数量多、多件套的独立产品。

10.系列服装的造型变化是贯穿_____,每一件服装都具有其特色,但组合在一起又属于一个风格,给人感觉是流畅的、完整的。

11.针对历史上某个时期衣着服饰,流行的时代背景,结合当前的审美观念,进行相关的提炼与升华,满足人们对某个时代回忆的精神需求,是_____服饰设计对年代主题表现的主旨。

12._____是指吸收和借鉴了东西民族文化的艺术元素与精髓,通过视觉服装形象与生活演绎,反映民族与世界、传统与时尚的创新服装风格。

13.前卫风格起源于_____初,与_____风格是两个对立的风格流派。

14.服装系列设计原则中的层次分明是要求在系列产品中要有_____,

_____,_____,_____。

15.系列设计风格中的古典风格重视_____的美好和对_____形式的关注。

二、单项选择题

1.把森林色、稻草色运用到系列服装设计中,其灵感来自( )。

    A.自然界   B.社会动向   C.年代主题   D.时尚信息

2.在下列设计风格中符合重视形式的美好和对传统形式的关注的是( )。

    A.民族风格   B.田园风格   C.古典风格   D.前卫风格

3.下列风格受到波普艺术影响是( )。

    A.民族风格   B.典雅风格   C.田园风格   D.前卫风格

4.服装系列设计中的波西米亚风格属于( )。

    A.民族风格   B.典雅风格   C.田园风格   D.前卫风格

5.题5图所示服装设计灵感来自( )。

题5图

A.自然界　　　　　B.社会动向　　　　　C.年代主题　　　　D.时尚信息

6.题6图所示服装设计风格属于(　　　　)。

　　A.民族风格　　　　B.典雅风格　　　　C.田园风格　　　　D.前卫风格

7.题7图所示服装设计风格属于(　　　　)。

　　A.民族风格　　　　B.典雅风格　　　　C.田园风格　　　　D.前卫风格

题6图　　　　　　　　　　题7图

8.把中国汉服特征运用在服装系列设计中,其系列风格属于(　　　　)。

　　A.民族风格　　　　B.典雅风格　　　　C.田园风格　　　　D.前卫风格

9.与前卫风格对立的风格是(　　　　)。

　　A.后现代风格　　　B.田园风格　　　　C.民族风格　　　　D.古典风格

10.以色彩为表现形式的系列服装一般一个系列使用的色彩不宜超过(　　　　)。

　　A.2种　　　　　　B.3种　　　　　　C.4种　　　　　　D.5种

11.服装系列设计原则中的层次分明是要求系列产品中有主打产品、衬托产品、延伸产品和(　　　　)。

　　A.尝试产品　　　　B.推广产品　　　　C.附加产品　　　　D.特点产品

12.服装系列设计的表现形式中以典型建筑为主的设计属于(　　　　)。

　　A.主题系列　　　　B.色彩系列　　　　C.廓形系列　　　　D.面料系列

13.服装系列设计的表现形式中以剪影为主的设计属于( )。

  A.主题系列   B.色彩系列   C.廓形系列   D.面料系列

14.服装系列设计的表现形式中以雪景为主的设计属于( )。

  A.主题系列   B.色彩系列   C.廓形系列   D.面料系列

15.服装系列设计的表现形式中以各色牛仔面料为主的设计属于( )。

  A.主题系列   B.色彩系列   C.廓形系列   D.面料系列

16.在系列服装设计风格中面料主要是起绒织物如天鹅绒,厚重的棉以及棉毛混纺,或是斑斑点点的织物如麻灰纱和棉织斜纹厚棉布等,其风格是( )。

  A.民族风格   B.田园风格   C.典雅风格   D.前卫风格

17.从服装的流行发展来看,近代以前引领服装潮流的主要是( )。

  A.贵族阶级   B.明星艺人   C.服装设计师   D.时尚先锋人物

18.在系列产品中设计得最精彩的、最完整的产品是( )。

  A.主打产品   B.衬托产品   C.延伸产品   D.尝试产品

19.服装系列设计的第一步是( )。

  A.设定主题   B.确立基型   C.画草稿   D.服饰品

20.流行的小香风系列其灵感来源于( )。

  A.社会动向   B.自然界   C.年代主题   D.时尚信息

21.在服装系列设计中,下列不能作为廓形系列表现形式的是( )。

  A.影像   B.剪影   C.侧影   D.结构线

三、判断题

1.系列服装设计是指系列化的服装设计产品。   ( )

2.系列服装里单套服装与多套服装相互关联,所以系列服装设计是根据几个主题而设计制作的。   ( )

3.典雅风格是把设计的触觉伸向广阔的大自然和悠闲自由的乡村生活方式,追求一种不要任何装饰的、原始的、返璞归真的、淳朴的情结,并从中汲取灵感。   ( )

4.具有民族风格的服装造型呈现出不对称的结构或是不同于常规结构的变化,分割的造型线随意夸张,装饰的部位与比例等都不同于常规。　　　　　　　(　　)

5.有些系列产品做到了统一而变化,但却平淡无味,这是由于设计师没有将设计点平均在每个产品中,没有强弱变化,没有层次。　　　　　　　　　　(　　)

6.尝试产品就是把主打产品的精彩之处进行延伸变化,使整体的分量更足。

(　　)

7.主题服装设计有的以自然环境、生态保护为主题,有的以典型的建筑、民族风情为主题等。　　　　　　　　　　　　　　　　　　　　　　　　　(　　)

8.设计是造梦的过程,它源于生活,但是不服务于生活。　　　　　　(　　)

9.20世纪80年代,大量女性时装采用垫肩,突出女强人的感觉,色彩上比较中性。

(　　)

10.前卫风格特点是超出通常的审美标准,离经叛道、变化万端、荒谬怪诞、无从捕捉而又不拘一格。　　　　　　　　　　　　　　　　　　　　　(　　)

11.系列设计的构成,就是一个具有鲜明整体性的,比单套服装更强有力的"统一体"。　　　　　　　　　　　　　　　　　　　　　　　　　　　　　(　　)

12.衬托产品无论视觉效果还是设计手法都相对平淡一些,它的作用就是衬托延伸产品。　　　　　　　　　　　　　　　　　　　　　　　　　　　　(　　)

13.迪奥创作的郁金花系列灵感来自自然界。　　　　　　　　　　(　　)

14.服装系列中的海洋系列、青花系列的设计表现形式都是主题系列。(　　)

15.表面雕有曼陀罗花图案的牛仔长靴与宽边牛仔帽是美国西部风格的两大特色。　　　　　　　　　　　　　　　　　　　　　　　　　　　　　　(　　)

16.服装风格是服装外观样式与内涵的总体结合。　　　　　　　　(　　)

17.古典风格服装在形式上具有合理、简约、适度、明确和平衡的基本特征。(　　)

18.前卫风格服装特点是受到现代派艺术、立体派艺术、抽象派艺术等影响。

(　　)

19.系列服装设计必须统一,才能称为"系列"。　　　　　　　（　　）

20.服装系列设计中的统一变化原则即是要对产品的某一种特征反复地以相同的方式强调。　　　　　　　　　　　　　　　　　　　　　　（　　）

21.系列服装中服饰群体、服饰形象、服饰风格之间的逻辑关系是系列服装设计的特点。　　　　　　　　　　　　　　　　　　　　　　　　（　　）

22.系列服装中的基型是指系列服装中用得最多的服装廓形。　　（　　）

四、简答题

1.简述服装系列设计的灵感来源。

2.系列服装设计的设计原则有哪些?

3.简述服装系列设计的特点。

4.列举四种服装系列设计风格。

5.进行系列服装设计有几个步骤？具体是哪些？

6.服装系列设计的主要表现形式有哪些？

7.服装系列设计中以色彩为主要表现形式应注意哪几点？

8.服装系列设计中以面料为主要表现形式应注意哪几点？

9.系列服装设计的系列特点是什么？具体包括哪些？

学习任务七　创意服装设计

一、填空题

1.创意是具有一定创造性思维程序的产物,即一种有_____、有_____、有_____的行为。

2.设计的本质是_____,设计的宗旨在于"_____"。

3.创意服装就是在服装_____和服装_____上富有创造性的意念。

4.服装设计创意具有两重性:一是_____,二是_____。

5.构思是指作者创作文艺作品过程中所进行的一系列思维活动,包括_____、_____、_____、_____等

6.构思包括三个阶段:一是_____,二是_____,三是_____。

7.凡是非正向或偏离正向的思维方式都可以统称为_____。

8.多向思维也称为_____思维、_____思维或_____思维,是求异思维中最重要的形式,表现为思维不受_____、_____、_____的限制。

9.服装创意的素材来源中的仿生学启示,是人类从_____中获取灵感进行创意的,如西方19世纪的_____服、清朝的_____、现代的_____和_____等。

10.服装创意的素材来源中的文艺作品启示,主要包括_____、诗歌、_____、歌剧等。

11.服装创意的素材来源于主题构思,主要包括_____、_____、_____、_____、_____等。

12.服装创意的素材来源于风格构思,主要包括_____风格、_____风

格、_____ 风格、_____风格、_____风格等。

二、单项选择题

1. 创意服装的创造性意念表现在服装设计或者(　　　)。

A.服装材料　　　　B.服装构成　　　　C.服装廓形　　　　D.服装工艺

2. 成功的服装设计作品应紧密围绕(　　　)进行设计。

A.主题　　　　　　B.流行　　　　　　C.调研　　　　　　D.销售

3. 服装设计创意具有从属性和(　　　)。

A.创意性　　　　　B.创新性　　　　　C.独立性　　　　　D.关联性

4. 资料收集是服装设计与构思的(　　　)。

A.开始阶段　　　　B.准备阶段　　　　C.创作阶段　　　　D.深化阶段

5. 创作过程中的反复修改是服装设计与构思的(　　　)。

A.开始阶段　　　　B.准备阶段　　　　C.创作阶段　　　　D.深化阶段

6. 市场考察和调研是服装设计与构思的(　　　)。

A.开始阶段　　　　B.准备阶段　　　　C.创作阶段　　　　D.深化阶段

7. 心中意象逐渐明朗化是服装设计与构思的(　　　)。

A.开始阶段　　　　B.准备阶段　　　　C.创作阶段　　　　D.深化阶段

8. 容易使思路僵化刻板、摆脱不掉习惯束缚的思维方式是(　　　)。

A.正向思维方式　　　　　　　　B.传统思维方式

C.多向思维方式　　　　　　　　D.逆向思维方式

9. 偏离正向的思维方式是(　　　)。

A.前卫思维方式　　　　　　　　B.扩散思维方式

C.逆向思维方式　　　　　　　　D.多向思维方式

10. 思维不受点、线、面限制的是(　　　)。

A.前卫思维方式　　　　　　　　B.非正向思维方式

C.逆向思维方式　　　　　　　　D.多向思维方式

11. 喇叭裙的创意素材来源于( )。

    A. 仿生学   B. 文艺作品   C. 主题构思   D. 流行元素

12. 现代洛可可风格服装其创意素材来源于( )。

    A. 文艺作品   B. 主题构思   C. 风格构思   D. 流行元素

13. 题13图中的服装创意素材来源于( )。

题13图

    A. 仿生学   B. 文艺作品   C. 主题构思   D. 流行元素

14. 题14图中的服装创意素材来源于( )。

题14图

    A. 仿生学   B. 文艺作品   C. 主题构思   D. 流行元素

15.题15图中的服装创意素材来源于(　　　　)。

    A.风格构思　　　　B.文艺作品　　　　　　C.主题构思　　　　　　　D.商业化创意设计

题15图

三、判断题

  1.创意思维是创造性思维程序的产物。　　　　　　　　　　　　　　　　(　　)

  2.设计的本质就是"新"。　　　　　　　　　　　　　　　　　　　　　(　　)

  3.设计的宗旨就在于创造。　　　　　　　　　　　　　　　　　　　　(　　)

  4.成功的服装设计作品首先要取决于成功的设计创意。　　　　　　　　(　　)

  5.服装创意设计具有独立性和关联性两属性。　　　　　　　　　　　　(　　)

  6.创意过程的反复修改属于创意服装设计与构思的创作阶段。　　　　　(　　)

  7.完善定稿阶段属于创意服装设计与构思的创作阶段。　　　　　　　　(　　)

  8.资料收集、市场调研都属于创意服装设计与构思的开始阶段。　　　　(　　)

  9.按传统方式解决问题的方式属于服装创意设计中的正向思维方式。　　(　　)

  10.发散思维、辐射思维、扩散思维都是服装创意设计中的多向思维方式。　(　　)

  11.西方18世纪的燕尾服创意素材来源于仿生学。　　　　　　　　　　(　　)

  12.音乐、诗歌、电影、绘画等文艺作品是服装创意素材来源的文艺作品启示。

                                               (　　)

  13.民族元素和波西米亚风格都属于服装创意素材来源的风格构思。　　(　　)

14.流行时尚元素、商业化创意设计也属于服装创意素材来源。　　（　　　）

15.构思包括确定主题、选择题材、研究布局结构三部分内容。　　（　　　）

四、简答题

1.服装设计的构思包括哪些内容？

2.简述创意服装设计构思的三阶段。

3.服装创意思维主要有哪几种思维方式？

4.多向思维方式主要包括从哪些不同角度思考问题？

5.创意服装素材来源有哪些？

6.举例说明主题构思与风格构思。

学习任务八 服装装饰设计与面料再造

一、填空题

1.服饰配件主要用于人体的_____、_____、_____、_____、_____等处。

2.面料再造是在现有的服装面料基础上,运用各种加工手段使其表面产生丰富的_____和_____的一种面料处理办法。

3.服装装饰设计的手法有_____、_____、_____、_____、_____等。

4.面料再造的方法有_____、_____、_____、_____、_____、_____。

5.面料的立体处理是利用传统的手工或平缝机等设备对各种面料进行缝制加工,也可运用物理和化学手段改变面料原有的形态,形成_____或_____的_____效果。

6.面料形态的立体处理方法有_____、_____、_____、_____、_____。

7.面料形态的增型处理的工艺手段有_____、_____、_____、_____、_____、_____等。

8.面料形态的减型处理的工艺手段有_____、_____、_____、_____、_____、_____等。

9.面料形态的钩编处理的工艺手段有_____和_____。

10.拼接运用在服装上的形式有_____拼接、_____拼接、_____拼接。

二、单项选择题

1. 下列服装装饰手法完全正确的一组是( )。

   A.刺绣、印花、流苏

   B.钉缀、拼接、流苏

   C.刺绣、印花、拼缀

   D.印花、钉缀、亮片

2. 下列都属于面料形态的立体处理手法是( )。

   A.堆积、抽褶、凹凸

   B.堆积、层叠、热压

   C.抽褶、黏合、层叠

   D.热压、黏合、凹凸

3. 下列都属于面料形态的减型处理手法是( )。

   A.镂空、抽丝、车缝

   B.镂空、剪切、磨沙

   C.烧花、剪切、车缝

   D.烧花、磨沙、车缝

4. 下列都属于面料形态增型的处理方法是( )。

   A.补、挂、褶   B.补、褶、绣   C.挂、绣、补   D.挂、褶、绣

5. 题5图所示内容采用的装饰手法是( )。

   A.拼接   B.印花   C.添加饰物   D.钉缀

6. 题6图所示内容采用的装饰手法是( )。

   A.拼接   B.刺绣   C.钉缀   D.添加饰物

题5图   题6图

7. 题7图所示内容采用的装饰手法是( )。

   A.拼接   B.刺绣   C.钉缀   D.添加饰物

8.题8图所示内容采用的装饰手法是(　　　)。

   A.拼接   B.刺绣   C.钉缀   D.添加饰物

题7图

题8图

9.题9图所示内容采用的装饰手法是(　　　)。

   A.拼接   B.刺绣   C.钉缀   D.添加饰物

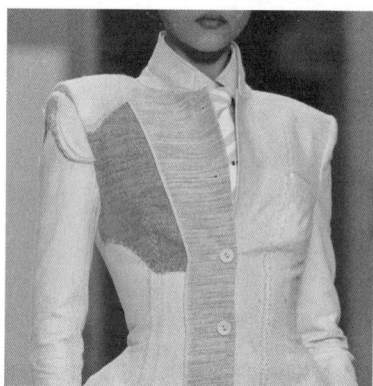

题9图

10.热压属于面料再造工艺手段中的(　　　)。

   A.立体处理   B.增型处理   C.减型处理   D.钩编处理

11.抽丝属于面料再造工艺手段中的(　　　)。

   A.立体处理   B.增型处理   C.减型处理   D.钩编处理

12.透叠属于面料再造工艺手段中的(　　　)。

   A.立体处理   B.增型处理   C.减型处理   D.钩编处理

13.剪切和叠加同时运用的面料再造方法是(　　　)。

   A.增型处理   B.综合处理   C.添加处理   D.拼接处理

14. 在服装上钉上亮片、珠宝等属于设计手法中的(　　)。

    A.钉缀　　　　　　B.拼接　　　　　　C.添加饰物　　　　D.印花

15. 在服装上加一蝴蝶结属于设计手法中的(　　)。

    A.钉缀　　　　　　B.拼接　　　　　　C.添加饰物　　　　D.印花

16. 如题16图所示,面料再造所运用的方法是(　　)。

    A.立体处理　　　B.增型处理　　　C.减型处理　　　D.综合处理

17. 如题17图所示,面料再造所运用的方法是(　　)。

    A.立体处理　　　B.增型处理　　　C.减型处理　　　D.钩编处理

　　　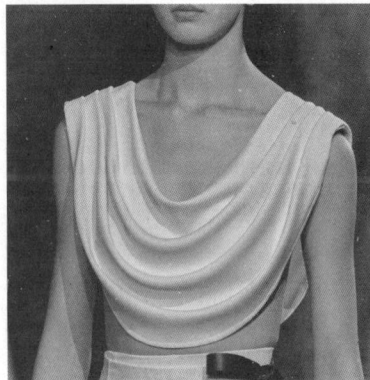

题16图　　　　　　　　　　　　　题17图

18. 如题18图所示,面料再造所运用的方法是(　　)。

    A.立体处理　　　B.增型处理　　　C.减型处理　　　D.综合处理

19. 如题19图所示,面料再造所运用的方法是(　　)。

    A.立体处理　　　B.增型处理　　　C.钩编处理　　　D.综合处理

　　　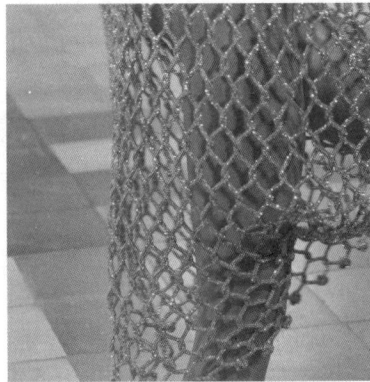

题18图　　　　　　　　　　　　　题19图

20. 如题20图所示,面料再造所运用的方法是(　　)。

A. 立体处理　　　B. 增型处理　　　C. 减型处理　　　D. 综合处理

题20图

三、判断题

1. 服饰配件主要是从古代的花环、骨头、石头等其他装饰物演变而来。　　　(　　)

2. 面料再造能使面料表面产生视觉肌理或触觉肌理。　　　(　　)

3. 蜡染和扎染都属于服装装饰手法的一种。　　　(　　)

4. 在服装中钉上亮片、珠宝等属于装饰手法中的添加饰物。　　　(　　)

5. 堆积和层叠都属于面料形态的增型处理方法。　　　(　　)

6. 面料形态的立体处理必须使面料产生立体和浮雕的肌理效果才行。　　　(　　)

7. 绣花属于面料形态的立体处理方法。　　　(　　)

8. 透叠、层叠都是面料形态增型处理产生的效果。　　　(　　)

9. 在服装上钉上铆钉是面料再造的增型处理。　　　(　　)

10. 服装中的褶裥是面料再造的立体处理。　　　(　　)

11. 磨沙和抽丝都是面料再造的减型处理。　　　(　　)

12. 把装饰花边钉在服装面料上是面料再造的钩编处理。　　　(　　)

学科综合模拟测试

任务一～任务四测试题

一、单项选择题（本大题共25小题,每小题4分,共100分）

1.铅笔是服装设计里常用的绘画工具,下列铅笔中最硬的是(　　)。

   A.2H   B.HB   C.2B   D.B

2.下列图案中具有随意性、不可重复特点的是(　　)。

   A.科技图案   B.几何图案   C.文字图案   D.不定形图案

3.下列设计中,既要考虑产品的自身需要,又要考虑运输和销售过程中的问题的是(　　)。

   A.结构设计   B.外观设计   C.包装设计   D.销售设计

4.实现服装设计的手段是(　　)。

   A.服装结构与服装裁剪   B.服装裁剪与服装工艺

   C.服装材质与服装工艺   D.服装材质与服装裁剪

5.夏天穿防晒服的作用为(　　)。

   A.防护功能   B.适应功能   C.审美功能   D.社会功能

6.给人洒脱、刚强的中性美的服装廓形是(　　)。

   A.A形   B.H形   C.S形   D.T形

7.下列在服装上主要起功能性作用的是(　　)。

   A.褶线   B.省道线   C.装饰线   D.轮廓线

8.下列常用于休闲装、童装上的图案是(　　)。

   A.连续纹样   B.人物纹样   C.角隅纹样   D.动物纹样

9.在服装款式设计的原则与方法中有规律且不断重复变化的是(　　)。

   A.对称   B.均衡   C.统一   D.节奏

10.插肩袖不适合(　　)。

A.耸肩者　　　　B.平肩者　　　　C.塌肩者　　　　D.高低肩者

11.下列色彩属于色相对比的一组是(　　　)。

　　A.红色与紫色　　　　　　　　B.黄色与蓝色

　　C.黑色与白色　　　　　　　　D.橙色与黄色

12.下列色彩中具有冷静、忧郁且没有活力情感的颜色是(　　　)。

　　A.红色　　　　B.绿色　　　　C.黄色　　　　D.蓝色

13.下列有彩色中亮度最高的颜色是(　　　)。

　　A.红色　　　　B.绿色　　　　C.黄色　　　　D.蓝色

14.下列运用到服装上给人神秘、高雅、稳重的视觉感受,是礼服常用颜色的是(　　　)。

　　A.褐色　　　　B.黄色　　　　C.深绿色　　　　D.深蓝色

15.不受外形限制,不与周围发生直接联系,可以独立存在和使用的纹样是(　　　)。

　　A.适合纹样　　　　B.具象纹样　　　　C.单独纹样　　　　D.抽象纹样

16.T恤衫上的文字图案是(　　　)。

　　A.具象纹样　　　　B.抽象纹样　　　　C.不定形纹样　　　　D.科技纹样

17.H形的上衣或大衣呈现的特征是(　　　)。

　　A.收腰,放下摆　　　　　　　　B.收腰,窄下摆

　　C.不收腰,窄下摆　　　　　　　D.夸张肩部,放下摆

18.在线条类型中,给人理性、阳刚、简洁、果断感觉的线条是(　　　)。

　　A.水平线　　　　B.斜线　　　　C.曲线　　　　D.直线

19.服装中自然褶的形成是根据(　　　)。

　　A.堆砌形成　　　　　　　　B.线条整齐排列形成

　　C.悬垂性形成　　　　　　　D.抽褶形成

20.下列服装款式设计的原则与方法中具有变化效果,表现形式比较强烈的是(　　　)。

      A.对比   B.比例   C.节奏   D.呼应

21.高纯度色搭配是指纯度较高的色彩进行组合搭配。这种色彩搭配给人的感觉是(   )。

      A.艳丽、刺激   B.沉稳、厚重

      C.柔和、自信   D.和谐、统一

22.领型中最基础的领型,多用于夏季的服装、晚礼服、休闲T恤、毛衫等的领型设计中,它是(   )。

      A.翻领   B.无领   C.翻驳领   D.青果领

23.根据袖的形态,下列分类完全正确的是(   )。

      A.短袖、喇叭袖、插肩袖   B.短袖、喇叭袖、灯笼袖

      C.插肩袖、泡泡袖、灯笼袖   D.喇叭袖、泡泡袖、灯笼袖

24.题24图所示内容属于服饰图案装饰手法中的(   )。

      A.刺绣   B.绗缝   C.印花   D.补花

题24图

25.青果领属于(   )。

      A.无领   B.立领   C.翻领   D.翻驳领

二、判断题(本大题共20小题,每小题2分,共40分)

26.穿着服装的首要目的是遮蔽人的身体,阻隔外界对身体的伤害,使人的身体健康。   (   )

27. 人物图案在服装的设计中的运用比较自由,所以不需要考虑其他因素。 （　　）

28. 8开画纸比4开画纸大。 （　　）

29. 职业时装的图案设计一般采用点状局部装饰、线状边缘装饰。 （　　）

30. 外轮廓呈 A 形的服装上窄下宽,典型款式有披风、夹克等。 （　　）

31. 平装袖即一般男式衬衣袖,多采用一片袖的裁剪方式。 （　　）

32. 纽扣设计可以从纽扣形状、大小、材质、位置上进行。 （　　）

33. 小喇叭裤是 A 形服装轮廓。 （　　）

34. 自然界中花朵、动物羽毛、树叶、岩石纹理等都是图案。 （　　）

35. 同类色搭配是指以某一色相为基调,进行明度或纯度变化后的搭配。 （　　）

36. 黄色的独立性较强,略加入其他色素,黄色就会改变原有的感觉。 （　　）

37. 流行色的产生到消退一般经过 5～7 年,高潮期一般为 2～3 年。 （　　）

38. 流行色长期使用后会成为常用色,但常用色不能成为流行色。 （　　）

39. 我国民间的双喜字图案采用相对对称的形式,属于具象纹样。 （　　）

40. 构成图案的基本要素是纹样、组织与色彩。 （　　）

41. 对比色配色形成鲜明的对比,视觉冲击力最强。 （　　）

42. T形轮廓的连衣裙特点是夸张肩部。 （　　）

43. 针织服装为了保暖常用到立领。 （　　）

44. 以基因工程为素材加工的图案是抽象图案中的不定形图案。 （　　）

45. 挖袋的设计在于袋盖位置的变化和袋口的造型。 （　　）

三、简答题(本大题共4小题,每小题15分,共60分)

46. 以色彩的明度为依据可分为哪几种色调,并举例说明。

47.举例说明三种袖子分类的依据。

48.日间礼服与晚间礼服在图案设计时分别有什么不同？

49.根据口袋与衣片的关系,袋分为哪三种类型？在题49图中适当位置分别画出并在方框里写上口袋类型。

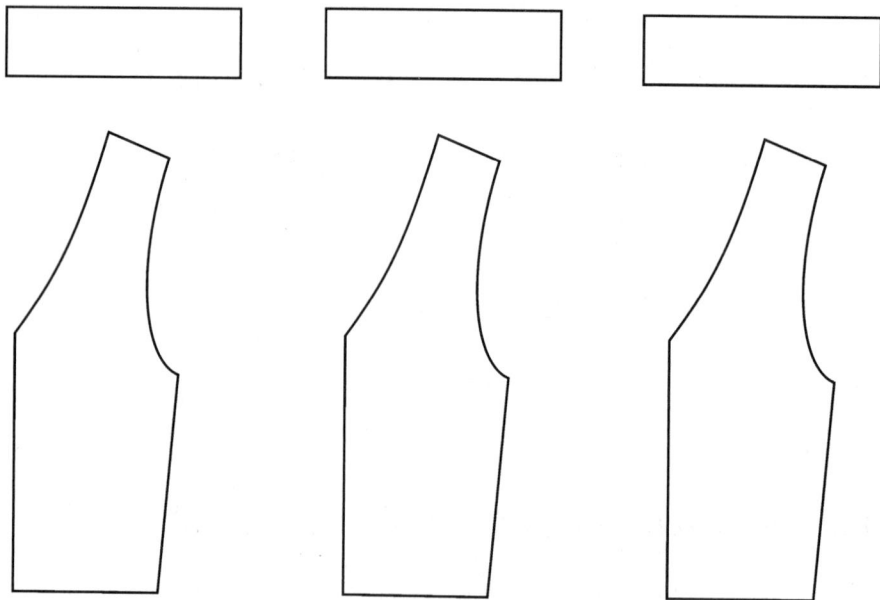

题49图

任务五～任务八测试题

一、单项选择题(本大题共25小题,每小题4分,共100分)

1.职业套装中的西服裙通常为(   )。

    A.露膝裙   B.及膝裙   C.过膝裙   D.中长裙

2.职业套装中的裤装变化主要是变化裤子的(   )。

    A.长短   B.肥瘦   C.外廓形   D.材质

3.下列职业套装上下装配色正确的是(   )。

    A.同类色搭配   B.近似色搭配   C.对比色搭配   D.互补色搭配

4.女式礼服款式多为(   )。

    A.连衣裙   B.旗袍   C.套装裙   D.露背裙

5.既可用柔和粉色,又可用鲜亮对比色的童装是(   )。

    A.婴儿装   B.幼儿装   C.学童装   D.少年装

6.生活中穿着范围最为广泛的是(   )。

    A.职业装   B.礼服   C.休闲装   D.夹克

7.以校服、休闲服为主的童装是(   )。

    A.婴儿装   B.幼儿装   C.学童装   D.少年装

8.把岩石、花草色运用到系列服装设计中,其灵感来自(   )。

    A.自然界   B.社会东向   C.年代主题   D.时尚信息

9.在下列设计风格中符合重视形式的美好和关注传统形式的是(   )。

    A.民族风格   B.田园风格   C.古典风格   D.前卫风格

10.服装系列设计中的中式风格属于(   )。

    A.民族风格   B.典雅风格   C.田园风格   D.前卫风格

11.以色彩为表现形式的系列服装一般一个系列使用的色彩不宜超过(   )。

    A.2种   B.4种   C.6种   D.8种

12.服装系列设计的第一步是(　　　)。

　　A.画草稿　　　　　B.设定主题　　　　　C.确立基型　　　　　D.服饰配件

13.题13图中的服装设计灵感来自(　　　)。

　　A.自然界　　　　　B.社会动向　　　　　C.年代主题　　　　　D.民族元素

14.题14图中的服装设计风格属于(　　　)。

　　A.民族风格　　　　B.前卫风格　　　　　C.田园风格　　　　　D.典雅风格

　　　　题13图　　　　　　　　　　　题14图

15.服装设计创意具有从属性和(　　　)。

　　A.创意性　　　　　B.创新性　　　　　　C.独立性　　　　　　D.关联性

16.以流行音乐做服装创意素材,其素材来源于(　　　)。

　　A.流行时尚元素　　　　　　　　　B.文艺作品启示

　　C.商业化创意设计　　　　　　　　D.风格构思

17.心中意象逐渐明朗化是服装设计与构思的(　　　)。

　　A.开始阶段　　　　B.准备阶段　　　　　C.创作阶段　　　　　D.深化阶段

18.容易使思路僵化刻板、摆脱不掉习惯束缚的思维方式是(　　　)。

　　A.正向思维方式　　　　　　　　　B.非正向思维方式

　　C.多向思维方式　　　　　　　　　D.逆向思维方式

19.设计思维不受点、线、面限制的是(　　　)。

　　A.前卫思维方式　　　　　　　　　B.非正向思维方式

　　　　C.逆向思维方式　　　　　　　　D.多向思维方式

20.题20图中的创意素材来源于(　　　　)。

　　　　A.仿生学启示　　　　　　　　　　B.文艺作品启示

　　　　C.主题构思　　　　　　　　　　　D.流行时尚元素

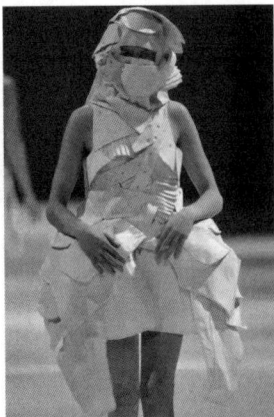

题20图

21.下列服装装饰手法完全正确的一组是(　　　　)。

　　　　A.刺绣、印花、流苏　　　　　　　B.钉缀、拼接、流苏

　　　　C.刺绣、印花、拼缀　　　　　　　D.印花、钉缀、亮片

22.下列都属于面料形态的立体处理的手法是(　　　　)。

　　　　A.堆积、抽褶、凹凸　　　　　　　B.堆积、层叠、热压

　　　　C.抽褶、黏合、层叠　　　　　　　D.热压、黏合、凹凸

23.下列都属于面料形态增型的处理的手法是(　　　　)。

　　　　A.补、挂、褶　　　　　　　　　　B.补、褶、绣

　　　　C.挂、绣、补　　　　　　　　　　D.挂、褶、绣

24.如题24图所示,服装采用的装饰手法是(　　　　)。

　　　　A.刺绣　　　　　　　　　　　　　B.拼接

　　　　C.钉缀　　　　　　　　　　　　　D.添加饰物

25.如题25图所示,面料再造所运用的方法是(　　　　)。

　　　　A.立体处理　　　　　　　　　　　B.增型处理

C.减型处理　　　　　　　　　　D.综合处理

题24图

题25图

二、判断题(本大题共20小题,每小题2分,共40分)

26.职业套装中西服款式变化主要在领的形态、翻领、衣长等。　　　　（　）

27.小礼服的图案可使用优美的植物图案和卡通图案,但不宜选择怪诞图案。

（　）

28.女式礼服为突出女性曲线美,通常会有露肩、露背、高开叉等款式。（　）

29.休闲服应紧跟潮流才具有市场竞争力。　　　　　　　　　　（　）

30.护士服设计首先要考虑本医院的VI系统要求。　　　　　　　（　）

31.职业套装都是上衣西服下装西裤。　　　　　　　　　　　　（　）

32.系列服装里单套服装与多套服装相互关联,所以系列服装设计是根据几个主题

而设计制作的。　　　　　　　　　　　　　　　　　　　　　（　）

33.典雅风格追求是一种不要任何装饰的、原始的返璞归真的淳朴情结感。（　）

34.服装风格是服装外观样式与内涵的总体结合。　　　　　　　　（　）

35.系列服装中的基型是指系列服装中用得最多的那个服装廓形。　（　）

36.系列服装设计必须协调统一、整体性强才能称之为"系列"。　　（　）

37.尝试产品就是把主打产品的精彩之处进行延伸变化,使整体的分量更足。

（　）

38.成功的服装设计作品首先要取决于成功的设计创意。　　　　　　（　　）

39.发散思维、辐射思维、扩散思维都是服装创意设计中的逆向思维方式。（　　）

40.音乐、诗歌、电影、绘画等文艺作品是服装创意的素材来源。　　　（　　）

41.面料再造能使面料表面产生视觉肌理或触觉肌理。　　　　　　　（　　）

42.服饰配件主要是从古代的花环、骨头、石头等其他装饰物演变而来。（　　）

43.在服装中钉上亮片、珠子等是装饰手法中的添加饰物。　　　　　（　　）

44.绣花属于面料形态的立体处理方法。　　　　　　　　　　　　　（　　）

45.把装饰花边钉在服装面料上是面料再造的钩编处理。　　　　　　（　　）

三、简答题(本大题共4小题,每小题15分,共60分)

46.简述休闲服装的主要要求,并列举三种属于休闲服服装的名称。

47.服装系列设计中以色彩为主要表现形式应注意哪几点?

48.创意服装素材来源主要包括哪些?

49.在方框中分别填写职业服装的主要类型,并用线连接题49图中各类型相对应的服装图片。

题49图

一、单项选择题(本大题共25小题,每小题4分,共100分)

1.在国际戛纳电影节中国明星穿上中国元素的礼服主要体现了服装的(　　)。

　　A.防护功能　　　　B.适应功能　　　　C.审美功能　　　　D.社会功能

2.下列服装分类完全正确的一组是(　　)。

　　A.西服、夹克衫、休闲服　　　　　　B.西服、休闲服、连衣裙

　　C.西服、夹克衫、连衣裙　　　　　　D.夹克衫、休闲服、连衣裙

3.题3图所示服装廓形流行的主要时期是(　　)。

　　A.20世纪20年代　　　　　　　　　B.20世纪30年代

　　C.20世纪40年代　　　　　　　　　D.20世纪50年代

题3图

4.披风、斜裙外廓形正确的是(　　)。

　　A.A形　　　　　　B.H形　　　　　　C.T形　　　　　　D.O形

5.题5图所示服装腰部细节设计所运用的方法是(　　)。

　　A.变形法　　　　　B.移位法　　　　　C.材料转化法　　　D.综合法

6.题6图中的图案主要是运用了服装设计原则中的(　　)。

　　A.对比与协调　　　B.比例与分割　　　C.对称与均衡　　　D.节奏与韵律

题5图 　　　　　　　　　　　　题6图

7.西装袖又称为(　　　)。

　　A.多片袖　　　　　B.插肩袖　　　　　　C.圆装袖　　　　　　D.平装袖

8.服装给人的第一视觉冲击是(　　　)。

　　A.款式　　　　　B.色彩　　　　　　C.图案　　　　　　D.材质

9.下列色彩中最冷和最暖的一组色彩是(　　　)。

　　A.蓝色、橙色　　　B.蓝色、红色　　　C.绿色、橙色　　　D.绿色、红色

10.服装能给人梦幻、神秘、优雅视觉感受的紫色是(　　　)。

　　A.亮紫色　　　　　B.红紫色　　　　　C.蓝紫色　　　　　D.深紫色

11.红色和粉红色搭配属于(　　　)。

　　A.同类色搭配　　B.近似色搭配　　　C.对比色搭配　　　D.互补色搭配

12.在色调运用中,表达明快感正确的是用(　　　)。

　　A.灰色调　　　　　B.暗色调　　　　　C.冷色调　　　　　D.亮色调

13.构成图案的基本要素完全正确的一组是(　　　)。

　　A.造型、纹样、色彩　　　　　　　　B.造型、组织、色彩

　　C.纹样、组织、色彩　　　　　　　　D.纹样、造型、色彩

14.阿拉伯数字属于(　　　)。

　　A.具象图案　　　B.抽象图案　　　　C.不定形图案　　　D.科技图案

15.题15图所示服装的图案组织形式是(　　　)。

　　A.单独纹样　　　B.适合纹样　　　　C.二方连续纹样　　D.四方连续纹样

题15图

16.现代人们着装的TPO原则中"O"分别表示的是(　　)。

　　A.时间　　　　　　B.场合　　　　　　C.地点　　　　　　D.季节

17.护士、医生穿着的职业装属于(　　)。

　　A.日常穿用的职业套装　　　　　　B.标志性职业服装

　　C.专用职业服装　　　　　　　　　D.其他的职业服装

18.童装穿着的年龄阶段是(　　)。

　　A.0~14岁　　　　B.0~15岁　　　　C.1~14岁　　　　D.1~15岁

19.系列服装设计时以云朵作为设计素材,其灵感来源于(　　)。

　　A.自然界　　　　B.社会动向　　　　C.年代主题　　　　D.民族民俗

20.题20图系列服装的设计风格是(　　)。

　　A.民族风格　　　B.典雅风格　　　　C.田园风格　　　　D.前卫风格

题20图

21.系列产品中用非常规手段设计增添产品视觉效果的产品是( )。

    A.主打产品   B.衬托产品   C.延伸产品   D.尝试产品

22.设计的本质是( )。

    A.新   B.创造   C.从属性   D.独立性

23.题23图所示服装的创意素材来源于( )。

    A.风格构思   B.文艺作品启示   C.流行时尚元素   D.商业化创意设计

24.题24图所示服装运用的最突出的装饰手法是( )。

    A.刺绣   B.印花   C.抽褶   D.添加饰物

题23图   题24图

25.面料磨沙属于面料再造方法中的( )。

    A.面料形态的立体处理   B.面料形态的增型处理

    C.面料形态的减型处理   D.面料形态的钩编处理

二、判断题(本大题共20小题,每小题2分,共40分)

    26.服装具有物质和社会的双重性。   ( )

    27.服装裁剪和缝制工艺是实现服装设计的手段。   ( )

    28.挖袋是休闲装中最常用的口袋设计。   ( )

    29.服装的廓形就是服装的外部造型剪影。   ( )

    30.支撑服装廓形变化的主要部分是人体的肩、腰、臀和膝盖部位。   ( )

    31.公主线与刀背缝在服装中的主要功能都是突出胸部和收紧腰部。   ( )

32.西装领的驳领与颈部自然贴合,后领自然向后折叠贴服。 （ ）

33.绿色的独立性较弱,略加入其他色素就会改变原有的感觉。 （ ）

34.黑、白、灰在色彩中属于无彩色,在服装设计中是永恒的经典色。 （ ）

35.流行色的高潮期一般只有1年。 （ ）

36.常用的汉字图案是具象纹样。 （ ）

37.使用棒针、钩针都是传统的手工编结方法。 （ ）

38.女式礼服款式以套装裙为主。 （ ）

39.T恤衫和夹克都属于休闲服装类。 （ ）

40.警察、空乘人员穿用的职业服属于标志性职业服装。 （ ）

41.系列服装中的每套作品都应具有相同或相似的要素。 （ ）

42.波西米亚风格属于系列服装风格中的田园风格。 （ ）

43.服装创意具有"从属性"和"依附性"双重属性。 （ ）

44.服饰配件主要用于人体颈、手、耳、头、踝等处。 （ ）

45.低纯度色搭配容易给人沉闷、压抑感,可增强色相对比度和明度差来调节。

（ ）

三、简答题（本大题共4小题,每小题15分,共60分）

46.简述服装设计原则与方法的形式,并举例说明常用的对比。

47.简述金、银色的色彩象征和其在服装中的运用。

48.看题48图,在图下方写出各服装创意的素材来源是什么?

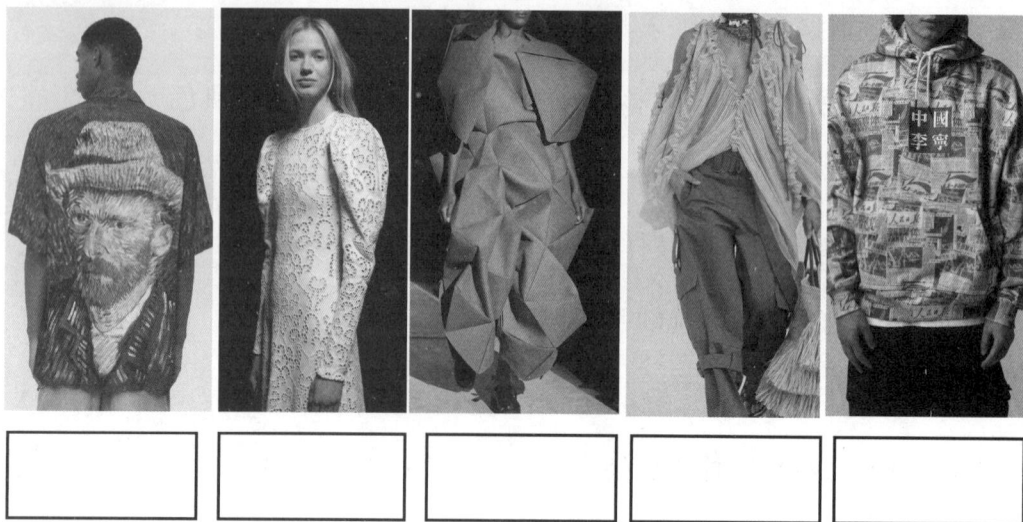

题48图

49.将题49图所示图片与其所对应的袖子名称和领型名称进行连线。

无领   立领   翻驳领   翻领

  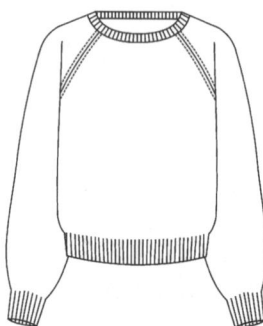 

平装袖   插肩袖   圆装袖   无袖

题49图

综合测试题二

一、单项选择题(本大题共25小题,每小题4分,共100分)

1.服装设计中最重要的一环是(　　)。

　　A.服装外观设计　　B.服装结构设计　　C.服装工艺设计　　D.服装保障设计

2.实现服装款式的物质基础是(　　)。

　　A.缝纫设备　　　　B.缝纫工人　　　　C.服装材料　　　　D.服装工艺

3.常用于老年服装、中式服装、居家服的袖子是(　　)。

　　A.圆装袖　　　　　B.平装袖　　　　　C.插肩袖　　　　　D.连袖

4.题4图服装细节设计所运用的方法是(　　)。

　　A.变形法　　　　　B.移位法　　　　　C.材料转化法　　　D.综合法

5.题5图下衣口袋是(　　)。

　　A.贴袋　　　　　　B.缝内袋　　　　　C.明袋　　　　　　D.挖袋

題4图

题5图

6.不适合塌肩者穿的袖子是(　　)。

　　A.喇叭袖　　　　　B.泡泡袖　　　　　C.圆装袖　　　　　D.插肩袖

7.常用于男装、职业装、中性化服装中的线是(　　)。

　　A.斜线　　　　　　B.折线　　　　　　C.垂直线　　　　　D.水平线

8.象征冷静、柔和、自信、永恒的色彩是( )。

    A.绿色   B.蓝色   C.紫色   D.灰色

9.下列色彩都属于冷色调的是( )。

    A.蓝色、青色、绿色 B.蓝色、青色、黄色

    C.黄色、青色、绿色 D.黄色、蓝色、绿色

10.黄色和蓝色搭配属于( )。

    A.同类色搭配   B.近似色搭配   C.对比色搭配   D.互补色搭配

11.流行色从产生到消退一般要经过( )。

    A.2~4年   B.3~5年   C.4~6年   D.5~7年

12.下列图案主要用于女装、童装的是( )。

    A.植物图案   B.动物图案   C.风景图案   D.人物图案

13.补花工艺三个代表地正确的是( )。

    A.北京、潮阳、无锡   B.北京、潮阳、常熟

    C.潮阳、常熟、无锡   D.潮阳、北京、无锡

14.下列属于具象图案的是( )。

    A.条格图案   B.文字图案   C.建筑图案   D.科技图案

15.用钩针勾出的图案所采用的装饰手法是( )。

    A.印花   B.刺绣   C.绗缝   D.编结

16.喜来登酒店服务人员穿着的服装属于( )。

    A.日常穿用的职业套装   B.标志性职业服装

    C.专用职业服装   D.其他的职业服装

17.色彩多采用柔和的粉色、鲜亮的对比色的童装是( )。

    A.婴儿装   B.幼儿装   C.学童装   D.少年装

18.学童装穿着的年龄阶段是( )。

    A.6~10岁   B.6~12岁   C.7~10岁   D.7~12岁

19. 当下较流行的加垫肩宽大型的女式西装,其设计灵感来源于( )。

    A.自然界   B.社会动向   C.年代主题   D.民族民俗

20. 系列服装中最完整、最精彩的产品是( )。

    A.主打产品   B.衬托产品   C.延伸产品   D.尝试产品

21. 系列服装面料以天鹅绒、棉毛混纺、麻灰纱、斜纹厚棉布为主,其设计风格是( )。

    A.民族风格   B.典雅风格   C.田园风格   D.前卫风格

22. 服装系列设计时以牛仔服装为主题,其采用的主要表现形式是( )。

    A.主题系列   B.色彩系列   C.廓形系列   D.面料系列

23. 题23图所示服装的创意素材来源于( )。

    A.仿生学启示   B.文艺作品启示   C.主题构思   D.流行时尚元素

24. 题24图所示内容属于服装装饰手法中的( )。

    A.刺绣   B.钉缀   C.拼接   D.添加饰物

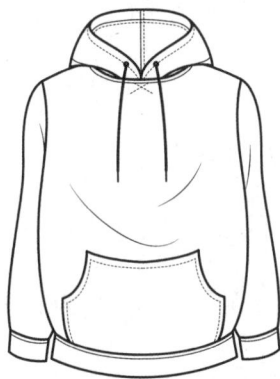

    题23图   题24图

25. 黏合属于面料再造方法中的( )。

    A.面料形态的立体处理   B.面料形态的增型处理

    C.面料形态的减型处理   D.面料形态的钩编处理

二、判断题(本大题共20小题,每小题2分,共40分)

    26. 对服装结构进行设计要考虑外观需求、材料特性和工艺流程等问题。( )

27.服装工程设计对服装的结构、生产和销售起决定性作用。　　　（　　）

28.构成服装外观美的三要素是款式、色彩和图案。　　　（　　）

29.通常情况下功能性分割线只有功能性没有装饰性。　　　（　　）

30.荷叶领、西装领都属于装领。　　　（　　）

31.连袖又称为中式和服袖,多用于运动服、休闲外套、大衣等。　　　（　　）

32.灰色可以和任何色搭配,也适用于各种年龄的服装。　　　（　　）

33.高纯度色搭配为使整体和谐统一,可增加色彩之间的面积差,减弱明度、色相之间的对比。　　　（　　）

34.低纯度色常用于秋冬服装,给人厚重温暖感。　　　（　　）

35.原始图腾、传统剪纸都是图案的表达。　　　（　　）

36.我国民间工艺扎染采用的是直接印花手法。　　　（　　）

37.职业时装图案设计一般采用点状局部装饰、线状边缘装饰。　　　（　　）

38.西式婚礼服常用白色或浅粉色,而丧礼服常用黑色。　　　（　　）

39.婚礼服和丧礼服设计都要考虑民族习俗和宗教文化。　　　（　　）

40.少年装是12~15岁初中生穿的服装。　　　（　　）

41.以经典豹纹设计系列服装,其设计灵感来自年代主题。　　　（　　）

42.系列服装中的"基型"是指最初设计的那套服装的廓形。　　　（　　）

43.创意服装就是在服装构成或设计上的富有创造性的意念。　　　（　　）

44.以民族元素为服装创意素材,其素材来源于风格构思。　　　（　　）

45.面料再造方法中的盘绣属于面料形态的钩编处理。　　　（　　）

三、简答题(本大题共4小题,每小题15分,共60分)

46.简述服装领的设计要点。

47.简述图案在上衣、裤、裙中的主要装饰部位。

48.简述服装系列设计的灵感来源主要有哪些,并写出题48图中各服装的设计灵感来源。

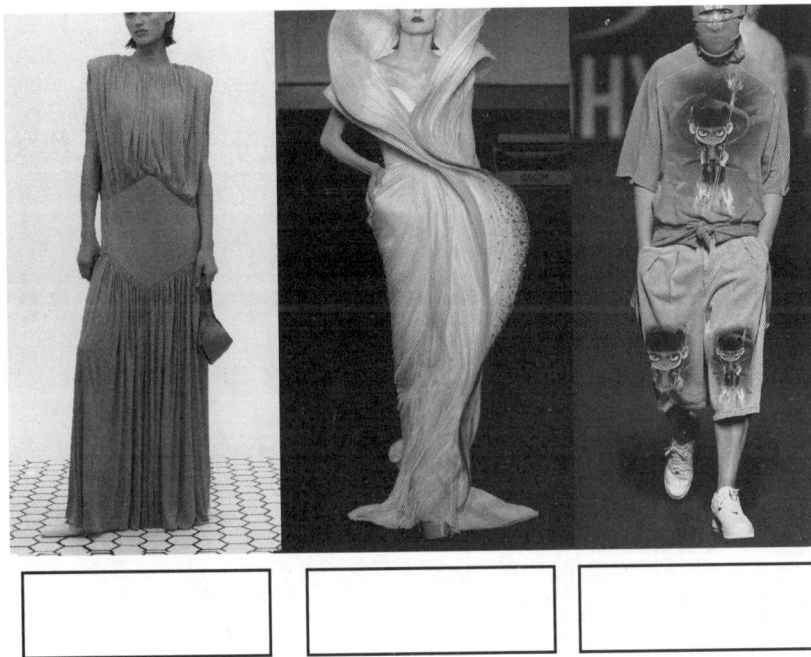

题48图

49.简述服装构思主要包括哪些内容,经过哪三个阶段完成,并具体说明。

综合测试题三

一、单项选择题(本大题共25小题,每小题4分,共100分)

1.传染病医用隔离服最主要的功能是(   )。

    A.实用功能   B.审美功能   C.社会功能   D.宗教功能

2.工作服正确的分类是(   )。

    A.按年龄分   B.按职业分   C.按用途分   D.按款式分

3.下列服装分类完全正确的是(   )。

    A.裙、裤、大衣   B.丝绸服装、棉质服装、条格服装

    C.西服、家居服、运动服   D.工作服、礼服、教师服

4.服装的廓形变化离不开人体支撑服装的几个关键部位,它们是(   )。

    A.胸、腰、臀   B.肩、腰、胯   C.胸、腰、胯   D.肩、腰、臀

5.下列服装属典型A形外廓形的是(   )。

    A.百褶裙   B.斜裙   C.小喇叭裤   D.靴裤

6.让人感觉活泼、动感、无规则、个性的线是(   )。

    A.直线   B.斜线   C.折线   D.曲线

7.女装节裙中的褶属于(   )。

    A.自然褶   B.褶裥   C.抽褶   D.堆砌褶

8.如题8图所示,在服装细节设计中所运用的设计方法是(   )。

    A.变形法   B.移位法   C.材料转移法   D.拉伸法

题8图

9.给人挺拔、庄重感,多用于秋冬服装中的领是(   )。

    A.翻驳领   B.翻领   C.无领   D.立领

10.题10图所示服装运用得最突出的设计原则与方法是(   )。

    A.强调   B.比例分割   C.统一变化   D.节奏韵律

题10图

11.象征生机、希望、安全、清新、自然、安宁等情感的色彩是(   )。

    A.绿色   B.黄色   C.蓝色   D.紫色

12.鲜、灰色调分类的依据是色彩的(   )。

    A.色相   B.明度   C.纯度   D.三属性

13.上衣服饰图案装饰的主要部位是(   )。

    A.胸部、衣摆、领、袖   B.胸部、衣摆、腰部、领

    C.胸部、腰部、领、袖   D.衣摆、腰部、领、袖

14.绗缝的加工织物一般有（　　　）。

    A.一层　　　　　　B.二层　　　　　　C.三层　　　　　　D.四层

15.具有合理、简约、适度、明确和平衡基本特征的服装,其风格属于(　　　)。

    A.民族风格　　　　　　　　　　B.典雅风格

    C.前卫风格　　　　　　　　　　D.田园风格

16.题16图所示的服装是(　　　)。

    A.职业服装　　　　　　　　　　B.礼服

    C.创意服装　　　　　　　　　　D.休闲服装

题16图

17.下列在服装设计中运用最多的线是(　　　)。

    A.省道线　　　　B.分割线　　　　C.水平线　　　　D.直线

18.下列领子给人简洁清爽、活泼时尚感觉的是(　　　)。

    A.无领　　　　　B.立领　　　　　C.翻领　　　　　D.翻驳领

19.服装形式美法则中最基础、最重要的法则是(　　　)。

    A.统一与变化　　　　　　　　　B.比例与分割

    C.对比与协调　　　　　　　　　D.对此与均衡

20.在服装款式设计中最能够创造艺术氛围,表现人们内心情感的是(　　　)。

    A.服装款式　　　　　　　　　　B.服装材质

    C.服装图案　　　　　　　　　　D.服装色彩

21. 红色和紫色的色彩搭配属于(   )。

　　A.近似色搭配　　　　　　　　　B.对比色搭配

　　C.中纯度搭配　　　　　　　　　D.低纯度搭配

22. 以北京冬奥会冰墩墩作为系列服装设计素材,其设计灵感来源于(   )。

　　A.自然界　　　　　　　　　　　B.社会动向

　　C.年代主题　　　　　　　　　　D.民族风格

23. 下列不属于服装系列设计主要表现形式的是(   )。

　　A.款式系列　　　　　　　　　　B.色彩系列

　　C.廓形系列　　　　　　　　　　D.面料系列

24. 以重庆土家族文化进行服装创意设计,其素材来源于(   )。

　　A.文艺作品启示　　　　　　　　B.主题构思

　　C.风格构思　　　　　　　　　　D.流行时尚元素

25. 下列方法不属于面料形态增型处理的是(   )。

　　A.层叠　　　　　B.黏合　　　　　C.热压　　　　　D.车缝

二、判断题(本大题共20小题,每小题2分,共40分)

26. 多种同类色彩搭配给人时尚、艳丽、活泼的感觉。　　　　　　　(   )

27. 在色彩搭配中黑、白、灰、金、银色都有调和作用。　　　　　　(   )

28. 服装材质和服装工艺是实现服装设计的手段。　　　　　　　　　(   )

29. 服装造型变化是以服装面料为基准的。　　　　　　　　　　　　(   )

30. 装饰性分割线主要是根据服装款式的要求来设计的,不考虑其造型的作用。

　　　　　　　　　　　　　　　　　　　　　　　　　　　　　　(   )

31. 女装中的公主线属于装饰性分割线。　　　　　　　　　　　　　(   )

32. 连袖多用于运动服、休闲服等。　　　　　　　　　　　　　　　(   )

33. 服装廓形主要因其强调或掩盖人体各部位的程度不同,便形成了各种不同的廓形。　　　　　　　　　　　　　　　　　　　　　　　　　　　　　(   )

34. 红、黄、蓝三原色搭配属于互补色搭配。 　　　　　　　　　　（　　）

35. 黄色是色彩中明度最高的颜色。 　　　　　　　　　　　　　　（　　）

36. 纹样、色彩、工艺是构成服装图案的基本要素。 　　　　　　　（　　）

37. 单独纹样是组成适合纹样、二方连续纹样、四方连续纹样的基础。 （　　）

38. 主题是设计作品所要表达的中心思想,反映的现象。 　　　　　（　　）

39. 领、袖、门襟的设计都属于服装的细节设计。 　　　　　　　　（　　）

40. 省道线是省道和分割线的巧妙融合。 　　　　　　　　　　　　（　　）

41. 服装款式是服装中最明亮的视觉语言。 　　　　　　　　　　　（　　）

42. 对服装破洞进行补花装饰,其装饰手法也称为烂花加工。 　　　（　　）

43. 西式婚礼服款式可选用和小礼服或晚礼服相同的款式。 　　　　（　　）

44. 职业套装图案以几何图案,小面积点状装饰图案为主。 　　　　（　　）

45. 系列服装设计既要求统一,又必须有变化。 　　　　　　　　　（　　）

三、简答题(本大题共4小题,每小题15分,共60分)

46. 简述袖子三种分类的依据,并举例说明。

47. 什么是互补色搭配,运用在服装中它有什么特点并举例说明。

48. 简述设计婴儿装时在款式、色彩、图案、材质各方面的要求。

49.把题49图中上下有关联的项连接在一起。

褶裥　　　黏合　　　抽丝　　　编结　　　凹凸　　　刺绣　　　剪切

面料形态的立体处理　　　面料形态的增形处理　　　面料形态的减形处理　　　面料形态的钩编处理

题49图

综合测试题四

一、单项选择题(本大题共25小题,每小题4分,共100分)

1. 下列不属于服装外观美要素的是(　　)。

　A.款式　　　　　B.结构　　　　　C.色彩　　　　　D.材质

2. 对服装结构进行设计时要考虑服装外观需求、材料特性和(　　)。

　A.面料特性　　　B.消费群体　　　C.工艺流程　　　D.设备和技术

3. 在服装款式设计的原则与方法中有规律且不断重复变化的是(　　)。

　A.对称　　　　　B.均衡　　　　　C.统一　　　　　D.节奏

4. 根据衣领的结构特征将领分为无领、翻领、翻驳领、(　　)。

　A.圆领　　　　　B.立领　　　　　C.装饰领　　　　D.一字领

5. 连接件设计主要包括纽扣设计、拉链设计、(　　)。

　A.腰头设计　　　B.分割线设计　　C.口袋设计　　　D.袢带设计

6. 清朝官员的朝服在前胸部位处有一方形的图案叫补子,它是用来区分官爵大小的,这体现了服装具有(　　)。

　A.社会功能　　　B.审美功能　　　C.实用功能　　　D.适应功能

7. 流行色的特点是周期性(　　)。

　A.长　　　　　　B.短　　　　　　C.不一致　　　　D.不确定

8. 色彩搭配后的服装让人感觉醒目、抢眼、激动的搭配是(　　)。

　A.类似色　　　　B.同类色　　　　C.近似色　　　　D.对比色

9. 下列领型中最能表现出服装挺拔、庄重的领型是(　　)。

　A.青果领　　　　B.一字领　　　　C.立领　　　　　D.翻领

10. 以自然界客观事物为基础,通过艺术处理创作出来的图案是(　　)。

　A.具象图案　　　B.文字图案　　　C.抽象图案　　　D.几何图案

11.图案设计不应太过耀眼和夸张,要讲究正式感、庄重感、分寸感的服装是（   ）。

  A.礼服   B.日间礼服   C.晚礼服   D.都不是

12.运动服普遍设计得比较宽松是由（   ）决定的。

  A.防护功能 B.适应功能 C.审美功能 D.社会功能

13.穿着时,下列可以使人略显丰满的色彩是（   ）。

  A.紫色   B.褐色   C.白色   D.黑色

14.裙子的分类下列正确的是（   ）。

  A.按用途分 B.按季节分 C.按性别分 D.按款式分

15.题15图中的喇叭裤外廓形正确的是（   ）。

  A.X形   B.A形   C.S形   D.H形

题15图

16.日常穿用的职业套装中最常用的图案是（   ）。

  A.植物图案 B.花卉图案 C.动物图案 D.条格图案

17.设计时首先要考虑其企业VI系统要求的职业服装是（   ）。

  A.日常穿用的职业套装   B.标志性职业服装

  C.专业职业服装   D.其他的职业服装

18.幼儿装常用的外廓形有（   ）。

A.X形、O形、A形   B.H形、X形、O形

C.H形、A形、O形   D.X形、H形、A形

19.喇叭裤外廓形其最初设计灵感来自(　　)。

    A.自然界   B.社会动向   C.年代主题   D.民族元素

20.服装造型、装饰部位、比例不同于常规,分割线随意夸张,其服装风格是(　　)。

    A.典雅风格   B.前卫风格   C.民族风格   D.田园风格

21.题21图所示系列服装的设计风格属于(　　)。

    A.典雅风格   B.前卫风格   C.民族风格   D.田园风格

22.题22图所示为设计大师圣罗兰设计的蒙德里安裙系列,其服装创意素材来源于(　　)。

    A.文艺作品   B.主题构思

    C.风格构思   D.流行时尚元素

题21图   题22图

23.现代洛可可风格服装的创意素材来源于(　　)。

    A.文艺作品   B.主题构思   C.风格构思   D.流行元素

24.针对从事某项职业活动而特定的职业服装是(　　)。

    A.日常穿用的职业套装   B.标志性职业服装

    C.专业职业服装   D.其他的职业服装

25. 下列方法属于面料形态增型处理的是(　　　)。

    A. 凹凸　　　　　　B. 纳缝　　　　　　C. 剪切　　　　　　D. 钩编

二、判断题(本大题共20小题,每小题2分,共40分)

26. 统一是指在设计的时候服装整体风格、色彩、图案等方面统一。　　　　　(　　　)

27. 服装中的对称是重心平衡,所以均衡不是重心平衡。　　　　　　　　　(　　　)

28. 同样规格的上衣,平装袖比圆装袖宽大。　　　　　　　　　　　　　(　　　)

29. 外轮廓成S形的服装,外形轮廓变化较大,如旗袍、直筒裤等,女人味十足。

                                                           (　　　)

30. 圆装袖也称为西装袖,是一种比较适体的袖型,多采用一片袖的裁剪方式。

                                                           (　　　)

31. 从事服装美术设计必须具备服装制作工艺方面的知识。　　　　　　　　(　　　)

32. 在现代的着装中,配饰还涉及发型、妆面等。　　　　　　　　　　　(　　　)

33. 适合纹样的外形可以是方形、圆形、三角形、不规则形等。　　　　　　(　　　)

34. 根据褶堆积的方法,衣褶可分为人工褶和自然褶。　　　　　　　　　(　　　)

35. 功能性分割线是将省道巧妙与分割线融合形成的。　　　　　　　　　(　　　)

36. 服装包括衣服和配饰两部分。　　　　　　　　　　　　　　　　　(　　　)

37. 服装中的所有的分割线都是装饰性与功能性的综合体。　　　　　　　(　　　)

38. 休闲服通常在无须特别注重礼节的一般社交场合穿着。　　　　　　　(　　　)

39. 丧礼服设计款式色彩都很单一,无须考虑民族宗教文化。　　　　　　(　　　)

40. 系列服装要做到统一而变化就是对产品的某一特征反复地以不同方式强调。

                                                           (　　　)

41. 20世纪80年代迪奥先生创立的新风尚时装体现了女人的华丽优雅。　(　　　)

42. 系列服装中的前卫风格起源于19世纪初。　　　　　　　　　　　(　　　)

43. 创意服装的从属性表现在必须从属于设计构思的主题。　　　　　　　(　　　)

44. 印花手法属于服装装饰手法中的一种。　　　　　　　　　　　　　(　　　)

45.盘绣手法属于面料形态的钩编处理。　　　　　　　　　　　　　　　（　　）

三、简答题(本大题共4小题,每小题15分,共60分)

46.服装色彩系列设计时应注意哪几点?

47.简述婴儿装设计的要求。

48.日常穿用的职业服装在款式设计时通常有哪些变化?

49.在题49图方框中填写服装系列设计的四种表现形式,并连线相应的服装图片。

题49图

综合测试题五

一、单项选择题(本大题共25小题,每小题4分,共100分)

1.按服装的分类标准,休闲服、家居服是按(　　)。

    A.款式分　　　　　　B.用途分　　　　　　C.材料分　　　　　　D.职业分

2.跳水运动员与篮球运动员服装不同的决定原因是(　　)。

    A.防护功能不同　　　　　　　　　　B.适应功能不同

    C.审美功能不同　　　　　　　　　　D.社会功能不同

3.款式图用来描线的绘图笔常用型号是(　　)。

    A.0.01~0.5 mm　　B.0.2~0.5 mm　　C.0.01~1 mm　　D.0.5~1 mm

4.题4图服装流行的主要时期是(　　)。

    A.20世纪20年代　　　　　　　　　　B.20世纪30年代

    C.20世纪40年代　　　　　　　　　　D.20世纪50年代

题4图

5.外廓形给人庄重、朴实美感的是(　　)。

　　A.A形　　　　　　B.H形　　　　　　C.T形　　　　　　D.O形

6.在交通标识图中,警示危险、款行的标识牌常用的色彩是(　　)。

　　A.黑色　　　　　　B.白色　　　　　　C.红色　　　　　　D.蓝色

7.下列不属于服装细节设计中变形法的是(　　)。

　　A.拉伸　　　　　　B.移位　　　　　　C.扭转　　　　　　D.破坏

8.静态效果较好,不宜大幅度运动的袖子是(　　)。

　　A.插肩袖　　　　　B.平装袖　　　　　C.圆装袖　　　　　D.连袖

9.下列热血沸腾、斗志昂扬的色彩是(　　)。

　　A.黄色　　　　　　B.橙色　　　　　　C.红色　　　　　　D.紫色

10.题10图所示服装的风格属于(　　)。

　　A.古典风格　　　B.田园风格　　　　C.民族风格　　　　D.前卫风格

题10图

11.黄色和黄绿色搭配属于(　　)。

　　A.同类色搭配　　B.近似色搭配　　　C.对比色搭配　　　D.互补色搭配

12.在色调运用中,表达庄重感的是(　　)。

　　A.亮色调　　　　　B.暗色调　　　　　C.暖色调　　　　　D.鲜色调

13.千鸟格图案属于(　　)。

A.几何图案　　　　B.文字图案　　　　C.具象图案　　　　D.科技图案

14.题14图所示裤装图案的组织形式是(　　　)。

A.单独纹样　　　　　　　　B.适合纹样

C.二方连续纹样　　　　　　D.四方连续纹样

题14图

15.与古典风格相对立的风格是(　　　)。

A.民族风格　　　　　　　　B.典雅风格

C.前卫风格　　　　　　　　D.田园风格

16.上衣为西服款式,下装为西服裙或西裤款式的职业装是(　　　)。

A.日常穿用的职业套装　　　B.标志性职业服装

C.专用职业服装　　　　　　D.其他的职业服装

17.色彩常以基础色为主,材料以中高档面料为主的职业装是(　　　)。

A.日常穿用的职业套装　　　B.标志性职业服装

C.专用职业服装　　　　　　D.其他的职业服装

18.扣合方式多用绳套结、暗扣方式的服装是(　　　)。

A.婴儿装　　　　B.幼儿装　　　　C.学童装　　　　D.少年装

19.把牛仔风格的流苏用在大衣设计上的灵感来源于(　　　)。

A.自然界　　　　B.社会动向　　　　C.年代主题　　　　D.民族民俗

20.题20图所示系列服装的设计风格是(　　　)。

A.民族风格　　　　B.典雅风格　　　　C.田园风格　　　　D.前卫风格

题20图

21.以青花瓷为主题的服装系列设计采用的主要表现形式是(   )。

    A.主题系列   B.色彩系列   C.廓形系列   D.面料系列

22.挖袋又称为(   )。

    A.插袋   B.明袋   C.暗袋   D.缝内袋

23.马蹄袖的服装创意素材来源于(   )。

    A.仿生学启示   B.文艺作品启示   C.主题构思   D.流行时尚元素

24.题24图所示服装采用的装饰手法是(   )。

    A.刺绣   B.钉缀   C.拼接   D.添加饰物

25.题25图所示服装面料处理属于面料再造方法中的(   )。

    A.面料形态的立体处理   B.面料形态的增型处理

    C.面料形态的减型处理   D.面料形态的钩编处理

题24图

题25图

二、判断题(本大题共20小题,每小题2分,共40分)

26.服装反映了着装者的政治、宗教、习俗、审美观、社会行为规范、评价标准和社会文明程度。 ( )

27.舞台服装是按服装的职业标准来分的。 ( )

28.服装流行具有时间性和周期性特点,没有空间性。 ( )

29.T形外廓形以夸张肩部、收缩下摆为主要特征,给人洒脱、刚强的中性美。

( )

30.省道在上装中按正背面分为胸省和腰省。 ( )

31.青果领、西装领是根据衣领造型特征来分类的。 ( )

32.平装袖、圆装袖设计的重点在袖口和袖身上。 ( )

33.白色、黄色色彩视觉感较浅,所以其纯度较低。 ( )

34.同类色搭配又称为同色调配色。 ( )

35.色彩的冷暖色调主要是以色彩的色相为依据。 ( )

36.高档西装、外套很少用流行色,常用经典色和基本色。 ( )

37.在显微镜下看到运动的病毒图在图案中属于不定形图案。 ( )

38.二方连续是一种横向带状纹样。 ( )

39.连衣裙的装饰部位一般在胸围、臀围、裙边。 ( )

40.男士礼服多以西服套装或燕尾服为主。 ( )

41.专用职业服装的实用功能主要是保护工作人员的身体安全。 ( )

42.一个系列服装可根据多个主题来进行设计制作。 ( )

43.逻辑性是系列服装设计的特点。 ( )

44.凡是非正向或偏离正向的思维方式都可以统称为多向思维方式。 ( )

45.面料再造方法中的褶裥、绣花都属于面料形态的立体处理。 ( )

三、简答题(本大题共4小题,每小题15分,共60分)

46.两种对比色彩搭配时,常用的调和方法有哪些?

47.服饰图案的组织形式和装饰手法有哪些?

48.简述服装系列设计在设计上应做到哪些,其设计原则是什么?

49.服饰图案的表现内容主要分哪两大类,每个类别又包括哪些,题49图所示服装图案运用了哪些表现内容,在图上标记出来。

题49图

专业综合模拟测试

服装设计与工艺专业高考模拟测试题一

一、单项选择题(本大题共25小题,每小题4分,共100分)

    1.制图图线中,腰围线、臀围线等用( )表示。

      A.粗实线   B.细实线   C.虚线   D.点画线

    2.结构图  对应的款式图是( )。

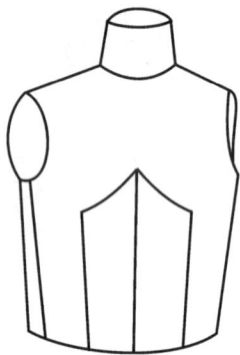 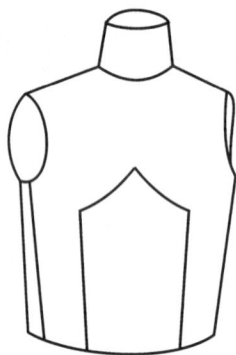 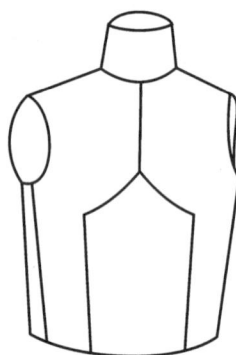 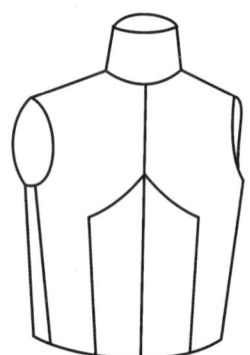

      A.   B.   C.   D.

    3.款式图 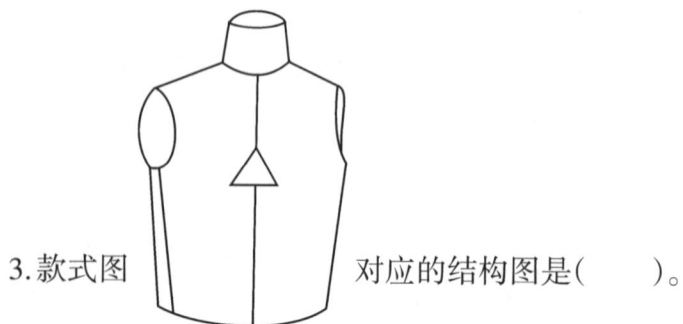 对应的结构图是( )。

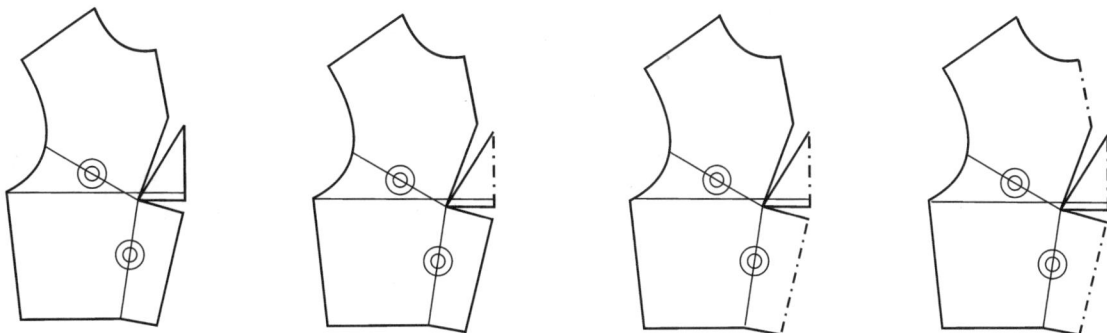

A.   B.   C.   D.

4.关于领子,下列说法错误的是(　　　)。

  A.平翻领制图时,一般采用前后片重叠的方法,重叠量越大,形成的领座越高

  B.翻领结构设计中,领座的高低直接影响直上尺寸和领外口曲线的大小,在总领宽相同的情况下,翻领的高度和直上尺寸与外领口弧线的长度均呈正比例关系

  C.V形领口领设计时,开口深度最深可开到原型胸围线以下5 cm左右

  D.立领的起翘量小到一定程度,领子可以形成向外张开的形状,变成倒立领

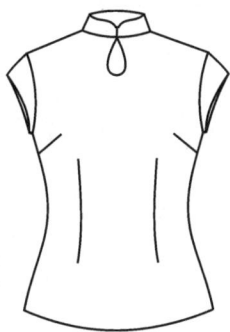

5.款式图 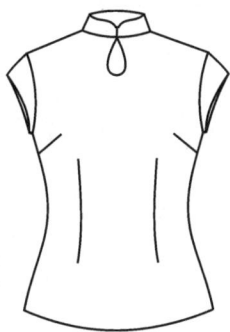 的袖子对应的结构图是(　　　)。

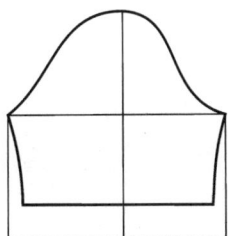   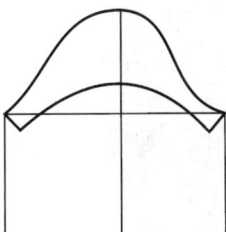   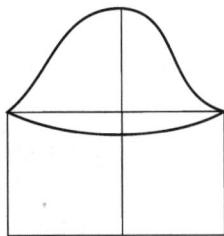   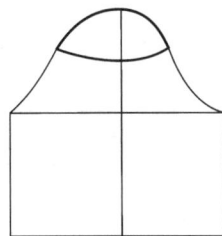

A.   B.   C.   D.

6.某女胸围为92 cm,腰围为80 cm,她的体型应属于(　　　)型。

  A.Y   B.A   C.B   D.C

7.关于裤子,下列说法正确的是(　　)。

　　A.贴体牛仔裤的臀围放松量一般为6~8 cm

　　B.后裆缝斜度是指后缝上端处的偏进量,紧身型西裤后缝斜度一般大于适身型西裤

　　C.女西裤臀围的放松量一般为8~12 cm

　　D.男西裤的前小裆宽一般为0.1H

8.高腰裙的裙腰造型为(　　)。

　　A.扇面形　　　　　　B.倒置扇面形　　　　C.矩形　　　　　　　D.圆形

9.下列选项中,需要留有劈势的部位不包括(　　)。

　　A.肩胛骨周围的分割线边缘　　　　　　B.臀部分割线边缘

　　C.两片袖前袖弯分割线边缘　　　　　　D.胸部分割线边缘

10.游泳和跑步时穿着的服装不同,其决定原因是(　　)。

　　A.防护功能不同　　　　　　　　　B.适应功能不同

　　C.审美功能不同　　　　　　　　　D.社会功能不同

11.题11图所示服装流行的主要时期是(　　)。

　　A.20世纪10年代　　　　　　　　B.20世纪30年代

　　C.20世纪50年代　　　　　　　　D.20世纪70年代

题11图

12.在我国清代平民不能穿用的色彩是(　　)。

    A.红色　　　　　　B.白色　　　　　　C.黄色　　　　　　D.褐色

13.下列静态效果较好,不宜大幅度运动的袖子是(　　)。

    A.连袖　　　　　　B.平装袖　　　　　C.插肩袖　　　　　D.圆装袖

14.题14图所示图案的组织形式是(　　)。

    A.单独纹样　　　　B.适合纹样　　　　C.二方连续纹样　　D.四方连续纹样

题14图

15.把牛仔风格的流苏用在大衣设计上的灵感来源于(　　)。

    A.自然界　　　　　B.社会动向　　　　C.年代主题　　　　D.民族民俗

16.蝙蝠衫的服装创意素材来源于(　　)。

    A.仿生学启示　　　B.文艺作品启示　　C.主题构思　　　　D.流行时尚元素

17.题17图所示系列服装的设计风格是(　　)。

    A.民族风格　　　　B.典雅风格　　　　C.田园风格　　　　D.前卫风格

题17图

18.下列常用的手缝针中,不属于钩针针法的是(   )。

    A.顺钩针   B.纳针   C.拉线襻   D.倒钩针

19.在缝制薄料服装时,应该将底面线适当(   ),压脚压力(   ),送布牙适当(   )。

    A.紧些,加大,抬高   B.放松,减小,抬高

    C.紧些,加大,放低   D.放松,减小,放低

20.常用的机缝缝型中,题20图所示缝型是(   )。

    A.坐缉缝   B.分坐缉缝   C.卷边缝   D.来去缝

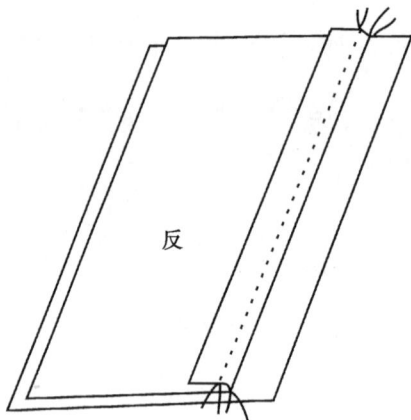

题20图

21.粘烫后衣片出现脱胶现象的原因有(   )。

    ①粘烫温度不够   ②反复粘烫

    ③熨烫的时间过短   ④熨烫压力过大

    A.①②④   B.①②③   C.②③④   D.①③④

22.男西服缝制过程中,拼接耳朵片,开里袋的前一步是(   )。

    A.复挂面   B.敷牵带   C.复胸衬   D.翻烫止口

23.下列关于上装缝制工艺的叙述,正确的是(   )。

    A.女衬衫扣烫门里襟时,将门、里襟两边缝头扣转0.6 cm,然后对折,门、里襟的里均比面宽出0.2 cm

    B.女西服敷牵带时,要求用直丝黏合衬,牵带在胸部一段要拉紧,腰节部位平敷,底边圆角处和驳口线一段要带紧

C.夹克大袖片缉明线时,在开衩口以上部分,两层一起缉明线0.25 cm,开衩口以

下部分,大袖片单独缉明线

D.女衬衫抽袖山头吃势时,用拱针在袖山头离边0.3 cm和0.6 cm处缝两道,按袖

窿大小抽袖山头吃势

24.下列关于下装缝制工艺的叙述,正确的是(   )。

A.缝合前后裆缝时,后裆弯部位拉紧,裆缝缉双线加固

B.缝合下裆缝和前裆缝是缝合裤子定型的关键

C.男西裤后窿门横丝需要归拢熨烫

D.男西裤封小裆时,校准门襟里襟长度,门襟应比里襟大0.2 cm

25.成品男西裤对条对格的规定中,侧缝的侧袋口下10 cm处格料对横,互差不大于

(   )。

A.0.2 cm   B.0.3 cm   C.0.1 cm   D.0.5 cm

二、判断题(本大题共20小题,每小题2分,共40分)

26.在礼服的设计和时装的制作中,出现不对称、多褶皱及不同面料的组合的复杂

造型,一般通过平面制图来解决。   (   )

27.量体时一般不考虑被测量者所穿衣服的厚薄因素。   (   )

28.省是根据人体曲线形态需要缝合的部分。   (   )

29.题29图所示为女西裤结构制图局部,其中 a=立裆深。   (   )

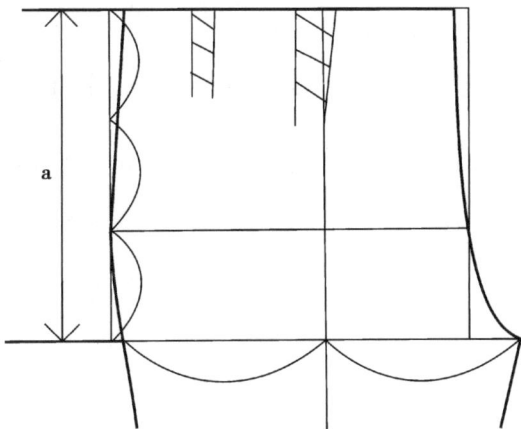

题29图

30. 紧身型西裤臀围的放松量应根据面料的不同而变化。 （　　）

31. 省的长度与省量有关,省量大则短,省量小则长。 （　　）

32. 舞台服装是按服装的职业标准来分的。 （　　）

33. 省道在上装中按正背面分为胸省和腰省。 （　　）

34. 青果领、西装领根据衣领结构特征分都属于翻驳领。 （　　）

35. 色彩的冷暖色调主要是以色彩的色相为依据。 （　　）

36. 在显微镜下看到的运动的病毒图属于不定形图案。 （　　）

37. 专用职业服装的实用功能主要是保护工作人员的身体安全。 （　　）

38. 面料再造方法中的褶裥、绣花都属于面料形态的立体处理。 （　　）

39. 夹克底边毛缝扣净后用三角针固定。 （　　）

40. 男西裤在缝制前先对裁片归拔处理,再进行粘衬并缝制。 （　　）

41. 手缝针的号码越大,针身越粗越长;号码越小,针身越细越短。 （　　）

42. 牛仔裤侧缝用五线锁边机缉合后,缝份向前片坐倒,并从前裤片腰口向下缉明线,明线长约15 cm。 （　　）

43. 男衬衫校准门里襟长短时,允许门襟比里襟短0.2 cm。 （　　）

44. 男西裤缉单嵌线时嵌线宽0.8 cm,距腰口约7 cm,袋口大约13.5 cm。 （　　）

45. 西服套装中上装与裤子的色差要不低于四级。 （　　）

三、简答题(本大题共4小题,每小题15分,共60分)

46. 国内某女装品牌大衣上标识有160/84A的字样,其中A表示什么?体型划分的依据是什么?女大衣胸围按放松量可以分为哪几类,每类的胸围放松量是多少?(不少于3个)

47.题47图为女西裤结构制图,根据阿拉伯数字1~13编写,请写出其对应的服装结构线名称(任写5个)。

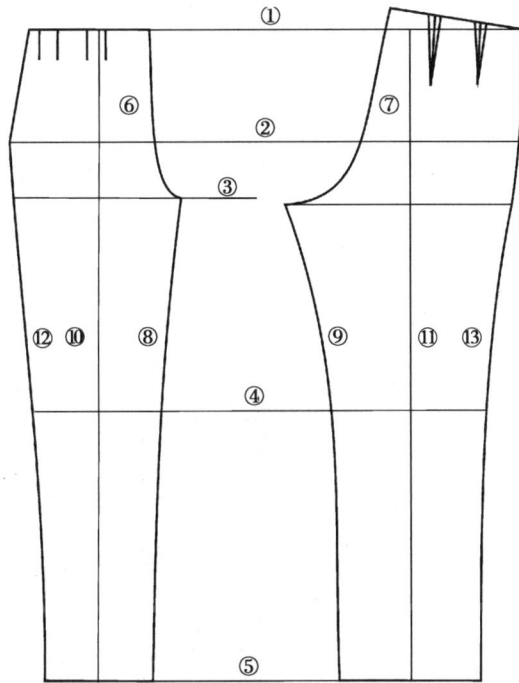

题47图

① _____ ② _____ ③ _____

④ _____ ⑤ _____ ⑥ _____

⑦ _____ ⑧ _____ ⑨ _____

⑩ _____ ⑪ _____ ⑫ _____

⑬ _____

48.简述两种对比色彩搭配时常用的调和方法。

49.题49图所示夹克缝制之前需要先对裁片进行粘衬处理。请列举8个常规粘衬部位名称(多写无效)。

题49图

服装设计与工艺专业高考模拟测试题二

一、单项选择题(本大题共25小题,每小题4分,共100分)

1.制图符号 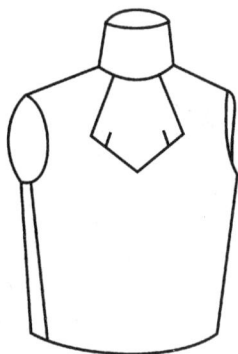 表示的是(　　)。

    A.纱向　　　　　　B.斜料　　　　　　C.经向　　　　　　D.倒顺毛

2.结构图 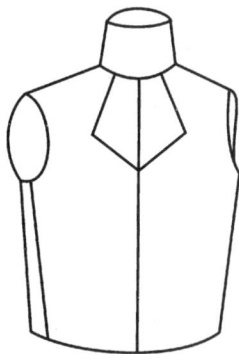 对应的款式图是(　　)。

    A.　　　　　　　　B.　　　　　　　　C.　　　　　　　　D.

3.款式图  对应的结构图是(　　)。

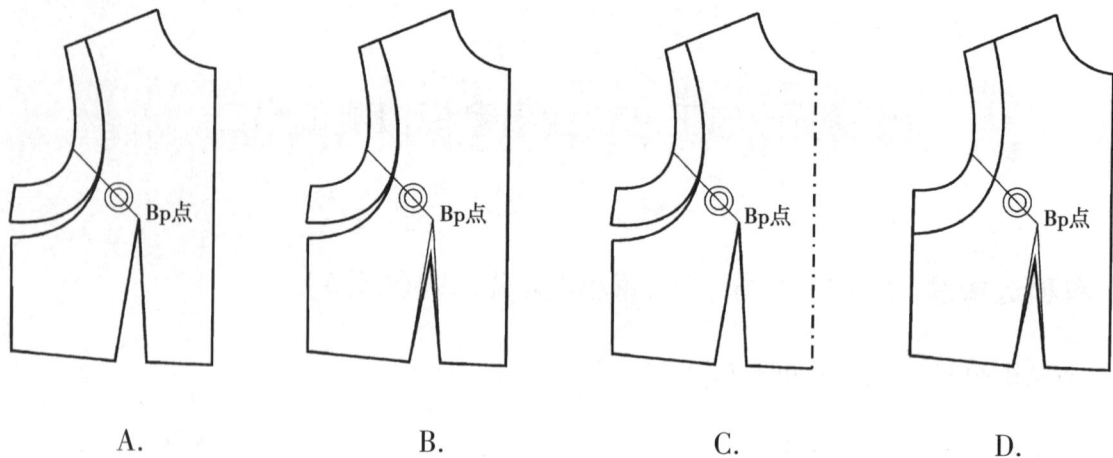

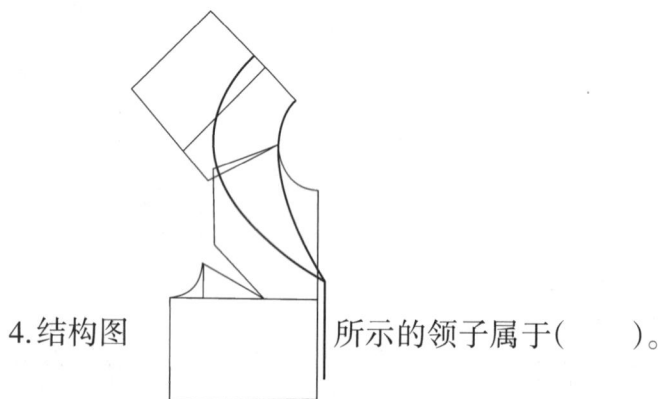

A.   B.   C.   D.

4.结构图 [图] 所示的领子属于(　　　)。

A.立领   B.领口领   C.翻领   D.翻驳领

5.以下不是灯笼袖结构图的是(　　　)。

A.   B.   C.   D.

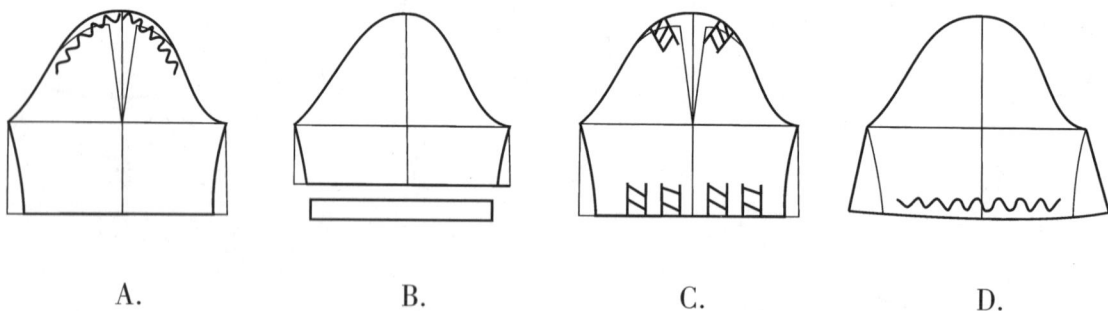

6.某售楼处需要定制一批合体秋季风衣,作为销售人员的工作服,拟采用微弹中厚针织面料,以下胸围设计合理的是(　　　)。

A.0~4 cm   B.8~12 cm   C.16~20 cm   D.22~26 cm

7.西裤的后裆缝低落的原因不包括(　　　)。

A.后片做省,前片做褶   B.后下裆缝实际斜度大于前下裆缝

C.后下裆缝线长于前下裆裆线   D.前后下裆缝线不等长

8.某女测量净体尺寸为身高160 cm,腰围70 cm,臀围88 cm,为其制作直裙,前裙片的臀宽可以设计为( )cm。

    A.19   B.21   C.23   D.25

9.下列关于撇胸的说法不正确的是( )。

    A.在衣身不需要设计省道的情况下,为了使前胸部呈现略微内收的状态,可以进行撇胸

    B.前片胸省量不大,为了使胸部更加平服,可以进行撇胸

    C.撇胸量较大时,可以将撇胸量转移至驳领下面

    D.撇胸量不能在制图时直接绘制,只能通过打开袖窿深线进行撇胸

10.款式图用来描线的绘图笔常用型号是( )。

    A.0.01~1 mm   B.0.1~1 mm   C.0.02~0.5 mm   D.0.2~0.5 mm

11.外廓形给人庄重、朴实美感的是( )。

    A.A形   B.H形   C.T形   D.O形

12.下列不属于服装细节设计中变形法的是( )。

    A.拉伸   B.破坏   C.移位   D.扭转

13.在色调运用中,表达庄重感的是( )。

    A.亮色调   B.暗色调   C.暖色调   D.鲜色调

14.上衣扣合方式多用绳套结、暗扣方式的服装是( )。

    A.婴儿装   B.幼儿装   C.学童装   D.少年装

15.服装系列设计时以春天风光色系为主题,其采用的主要表现形式是( )。

    A.主题系列   B.色彩系列   C.廓形系列   D.面料系列

16.题16图所示服装面料再造采用的方法是( )。

    A.立体处理   B.减形处理   C.钩编处理   D.综合处理

题16图

17.豹纹图案属于(　　　)。

　　A.几何图案　　　　B.文字图案　　　　　　C.具象图案　　　　　　D.科技图案

18.题18图中的手缝针法是(　　　)。

　　A.暗缲针　　　　　B.拱针　　　　　　　　C.纳针　　　　　　　　D.明缲针

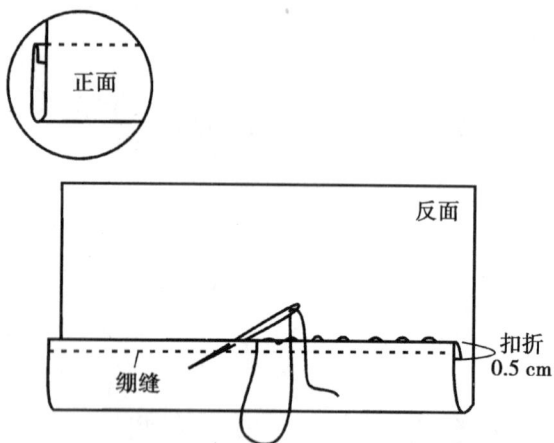

题18图

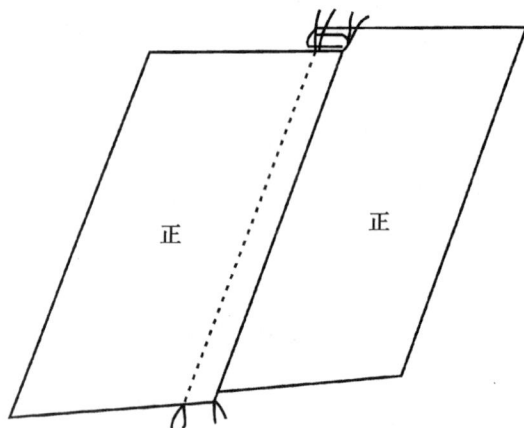

题19图

19.题19图中的机缝缝型名称是(　　　)。

　　A.明包缝　　　　　B.内包缝　　　　　　　C.分压缝　　　　　　　D.骑缝

20.对男西裤装门里襟拉链的工艺流程排序正确的是(　　　)。

　　A.做里襟→做门襟→装门襟→缝合前后裆缝→装里襟拉链→装里襟→装门襟拉链→封小裆

　　B.做里襟→做门襟→装门襟→缝合前后裆缝→装门襟拉链→装里襟→装里襟拉链→封小裆

  C.做门襟→做里襟→装门襟→缝合前后裆缝→装门襟拉链→装里襟→装里襟拉

   链→封小裆

  D.做门襟→做里襟→装门襟→缝合前后裆缝→装里襟拉链→装里襟→装门襟

   拉链→封小裆

21.男衬衫缝制前需要对部分裁片进行粘衬处理,下列选项中不需要粘衬的是

( )。

  A.门襟   B.袖克夫   C.口袋   D.袖衩条

22.西裤在归拔后片时,中裆以下的熨烫方式是( )。

  A.拔烫分缝 B.归烫分缝   C.归烫   D.拔烫

23.缝制紧身裙的工艺流程中,裙开衩的前面一步是( )。

  A.缝合前裙片中间竖分割缝   B.缝合侧缝

  C.装门、里襟拉链   D.开袋

24.关于上装缝制工艺,下列说法不正确的是( )。

  A.女西服装领面时,串口缝和前后领圈分别烫分开缝

  B.女衬衫缝合前身刀背缝时缝份倒向止口方向

  C.男衬衫的翻领领面一般采用斜料的涤棉树脂粘合衬

  D.男西服装袖前检查袖窿与袖山的缝子长度是否一致,一般袖山弧线略小于袖

   窿弧线0.6 cm左右

25.关于服装品质检验,下列说法正确的是( )。

  A.造成侧缝牵紧的原因是缝线过紧,缝合的时候没有将侧缝部位拉紧

  B.男西服各部位缝纫线迹20 cm内不得有两处单跳和连续跳针,链式线迹不允

   许跳针

  C.男西服前衣身下摆处允许出现1~2 cm的大肚纱

  D.羽绒服成品检验抽样时500~1 000件,抽检30件

二、判断题(本大题共20小题,每小题2分,共40分)

26.复势一般常用在男女上衣肩部,使用双层或单层布料。　　　　　(　　)

27.题27图所示的落肩袖女大衣,SL可以设置为45 cm左右。　　　(　　)

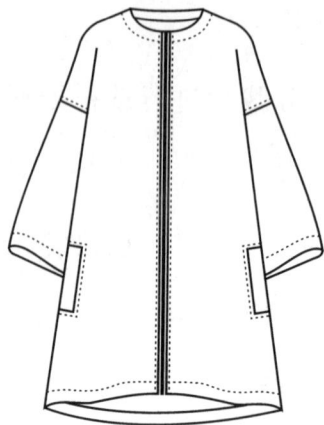

题27图

28.紧身型西裤臀围的放松量应根据面料的不同而变化。　　　　　(　　)

29.无袖连衣裙的胸围放松量为2~4 cm。　　　　　　　　　　　(　　)

30.缝制时需要缝合在一起的标记称为拼合符号。　　　　　　　　(　　)

31.胸部的球面状,产生了上装的胸劈门,使得上装中通过胸部的分割线边缘往往留有劈势。　　　　　　　　　　　　　　　　　　　　(　　)

32.小学生校服按年龄分属于童装,按职业分属于校服。　　　　　(　　)

33.平装袖、圆装袖设计都重在袖口和袖身的设计变化。　　　　　(　　)

34.红色和蓝色分别是色相环中最温暖、最冷的颜色。　　　　　　(　　)

35.二方连续是一种横向带状纹样。　　　　　　　　　　　　　　(　　)

36.一个系列服装可根据多个主题来进行设计制作。　　　　　　　(　　)

37.系列服装中的前卫风格起源于19世纪初。　　　　　　　　　(　　)

38.以旗袍元素设计系列服装,其设计灵感来自年代主题。　　　　(　　)

39.熨烫西裤裆和裆缝时候可以借助铁凳进行熨烫。　　　　　　　(　　)

40.男西服前片在归拔处理时,袖窿横丝要向胸部推弹0.3~0.5 cm。(　　)

41.西服裙装拉链时,先将裙片合成圆筒形,再安装拉链比较好。　(　　)

42.女衬衫熨烫下摆贴边时要注意熨斗不要超过贴边宽,否则容易留下熨斗印痕。

（　　）

43.电动工业平缝机在使用时,脚尖向前用力,缝纫机就停了。（　　）

44.夹克装袖时,用坐缉缝的方法进行装袖,缝份0.8 cm朝大身袖窿方向坐倒,正面缉0.15 cm止口。（　　）

45.男西裤门、里襟做好后要求面、里衬平服,松紧适宜,长短互差不大于0.15 cm,门襟不短于里襟。（　　）

三、简答题(本大题共4小题,每小题15分,共60分)

46.写出题46图中A、B、C、D所代表的袖名称。

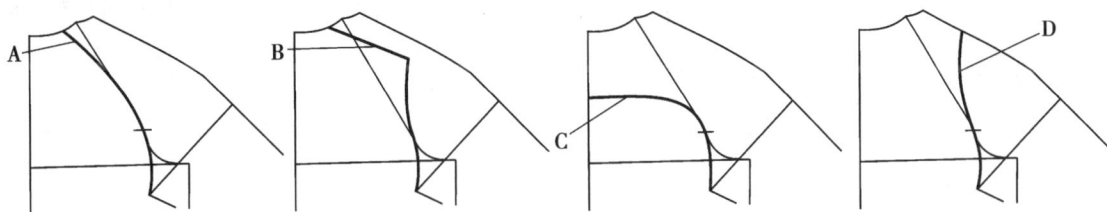

题46图

A._____　　　B._____　　　C._____　　　D._____

47.用直线将题47图中服装制图符号与对应的名称连接起来。

省道符号　　　缩褶符号　　　间距　　　等量符号　　　等长符号

题47图

48.简述服装袖子的三种分类,写出题48图中袖子在各分类中的名字。

题48图

49.缝制一件戗驳领,前身有双嵌线袋、刀背缝,后身有背中缝、背部开衩的女西服,请写出敷牵带的要求。

习题答案

学习任务一　服装设计入门

一、填空题

1.物质、精神、社会生产力　2.实用功能、审美功能、社会功能,防护功能、适应功能　3.衣服、配饰,补充、烘托　4.发型、妆面　5.外观形式、结构特征、工艺流程、包装、销售　6.服装美术、服装工程、服装营销　7.结构、生产、销售　8.服装美术设计　9.款式、色彩、图案、材质　10.服装材质　11.裁剪、工艺

二、单项选择题

1.B　2.D　3.A　4.B　5.B　6.C　7.A　8.D　9.C　10.A

11.B　12.B　13.D　14.C　15.B　16.A　17.B　18.D　19.C　20.A

三、判断题

1.×　2.√　3.×　4.√　5.√　6.√　7.×　8.√　9.×　10.×

四、补充表格

按款式分	西服、夹克、裙、裤、大衣、连衣裙等
按材料分	丝绸服装、棉质服装、皮革服装、裘皮服装等
按色彩和图案分	单色服装、条格服装、图案花形服装等
按季节分	春装、夏装、秋装、冬装
按性别分	男装、女装
按年龄分	婴儿装、童装、青少年装、中老年装等
按职业分	学生服、教师服、军服、警服等
按民族分	藏族服装、朝鲜族服装、苗族服装、傣族服装等
按用途分	家居服、休闲服、运动服、工作服、礼服、舞台服等

学习任务二　服装款式设计

一、填空题

1.英文字母　2.T　3.结构　4.褶　5.局部造型　6.材料　7.立领　8.脸型、颈部　9.适体性　10.圆装袖　11.连袖　12.贴袋　13.实用、审美　14.整体　15.款式　16.曲线　17.省道线　18.褶裥　19.水平线　20.移位法　21.变形法　22.向外翻　23.五分袖　24.带状连接设计　25.视觉重心　造型、色彩、细节　26.廓形　27.H　28.内部造型　29.分割线　30.曲　31.斜　32.无领、立领、翻领　33.翻驳　34.外形　35.衣袖　36.圆装袖、平装袖、插肩袖、连袖、肩袖　37.功能,功能　38.手　39.连接　40.方向,位置　41.不收腰　42.省道线、分割线、褶　43.领围　44.线　45.整体　46.平衡　47.变化统一　48.服装款式　49.一片袖　50.装饰

二、单项选择题

1.D　2.A　3.C　4.B　5.C　6.C　7.B　8.B　9.D　10.A

11.C　12.B　13.D　14.C　15.C　16.A　17.D　18.D　19.A　20.B

21.B　22.C　23.D　24.A　25.C　26.A　27.A　28.D　29.B　30.B

31.C　32.D　33.B　34.D　35.D　36.A　37.B　38.B　39.D　40.A

41.D　42.B　43.C　44.A　45.D　46.B　47.D　48.A　49.C　50.B

51.B　52.A　53.B　54.B　55.B　56.A　57.C　58.D　59.A　60.D

61.B　62.A　63.D　64.C　65.D　66.C　67.A　68.C　69.C　70.D

71.A　72.B　73.B　74.B　75.C　76.D

三、判断题

1.×　2.×　3.√　4.×　5.×　6.√　7.√　8.×　9.×　10.√

11.×　12.×　13.√　14.√　15.√　16.×　17.×　18.×　19.√　20.√

21.×　22.√　23.√　24.√　25.×　26.×　27.×　28.√　29.√　30.√

31.√　32.×　33.×　34.×　35.×　36.×　37.√　38.√　39.√　40.×

41.√　42.×　43.×　44.√　45.√　46.×　47.×　48.×　49.√　50.√

51.×　52.√　53.√　54.×　55.√　56.√　57.×　58.√　59.√　60.×

61.√　62.×　63.×　64.√　65.×　66.√　67.√　68.×　69.√　70.√

71.×　72.×　73.×　74.√　75.√

四、简答题

1.答:A形,特点及美感:服装上窄下宽,给人活泼阳光的感觉;H形,特点及美感:宽松型服装,肩、腰、臀、下摆的宽度基本一致,给人庄重、朴实的美感;S形,特点及美感:服装外轮廓变化较大,以胸、臀围度适中而腰围收紧,体现女性曲线美,具有浪漫、柔和、典雅的美感;T形,特点及美感:服装上宽下窄,给人洒脱、刚强的中性美。

2.答:分割线是根据服装的款式要求和功能要求将服装分割成几部分,然后进行缝合成一件合体美观的服装。其按功能可分装饰性和功能性两种类型。

3.答:服装细节设计中的方法有变形法、移位法、材料转换法。

特点:变形法是对服装部分细节设计的形状、大小进行变化。如对局部进行拉伸、扭转、破坏等手法处理使原型进行变化。移位法是指对服装的内部构成不做变化,只是将内部零件做移动位置的处理。材料转换法是指通过变换原有服装细节的材料而形成新的设计。

4.答:分为无领、立领、翻领、翻驳领。

特点:无领是领型中最基础的领型,在衣身上没有装领以领围线的造型作为领型,保持服装的原始状态。立领是只有领座的领,直立于颈部给人挺拔、庄重的感觉。翻领是一种领面向外翻的领型,其前领与肩自然贴合,后领自然向后折叠贴服。　翻驳领的衣领和驳头连在一起,其领面外翻,驳头也一起外翻,翻驳领给人干练、庄重、开朗的感觉。

5.答:根据袖的长短分类,有无袖、短袖、五分袖、七分袖、长袖;根据袖的装接方法分类,有圆装袖、平装袖、插肩袖、连袖、无袖;根据袖的形态分类,有喇叭袖、泡泡袖、灯笼袖等。

6.答:有贴袋、挖袋、插袋三种。

贴袋也称明袋,是指贴缝在衣片表面的袋型,制作简单款式变化丰富;挖袋又称暗袋,在衣身上剪出袋口,袋口装嵌条或袋盖,口袋隐藏在服装内部;插袋也称缝内袋,在服装拼接缝间制做出口袋,一般隐蔽性好。

7.答:服装中的连接设计是指服装上起连接作用的部件的设计,具有实用功能和审美功能。其主要包括纽扣设计、拉链设计、袢带设计。

8.答:对比与协调、比例与分割、对称与均衡、统一与变化、节奏与韵律、强调。

9.答:根据领子结构特征分类,有无领、立领、翻领、翻驳领;根据领子造型特征分类,有一字领、圆领、装饰领、青果领等。

10.答:结构线是指用于处理服装与人体关系的线条,使服装与人体外形轮廓达到合体、协调。其作用:让服装在合身和方便活动的基础上还要达到装饰服装,美化人体的效果。

11.答:褶的作用是给予放松量,使服装方便运动。其可分为人工褶和自然褶两种。

12.答:(1)直线给人理性、阳刚、简洁、果断的感觉,常用于男装、职业装、中性化的服装设计中。(2)垂直线是服装中比较常用的装饰线,在服装中运用具有强调高度的作用。(3)水平线的方向是横向延长,给人膨胀的感觉。(4)斜线在服装上运用得比较多,根据倾斜的位置会有不同的感觉,接近水平的斜线会让服装有膨胀感,接近垂直的斜线会让服装显得修长,折线就是斜线的组合,经过组合后的折线给人感觉活泼、动感、无规则、个性。(5)曲线的线条流畅,让现代人觉得唯美,具有柔美的感觉,从古至今曲线就是女性的象征,其特点是柔顺圆润、自然活泼、丰满妩媚。

13.答:(1)领型的设计要适合颈部的结构及颈部的活动规律,满足服装的适体性。(2)领的设计要符合流行。(3)领的设计要与服装的外形协调。(4)根据穿衣人的脸型和颈部特点设计领的式样。

14.答:(1)服装的功能决定袖的造型。(2)袖的造型要与服装整体协调。

15.答:(1)口袋的设计要方便使用。(2)口袋的设计与服装整体协调。

16.答:(1)连接件设计要符合服装的整体风格;(2)连接件的设计在服装中位置比例要协调。

17.答:叫西装领或翻驳领,其特点是衣领和驳头连在一起,其领面外翻,驳头也一起外翻,给人干练、庄重、开朗的美感。

18.答:运用了对比与协调、比例与分割、对称与均衡、统一与变化、节奏与韵律五种。

学习任务三　服装色彩设计

一、填空题

1.色彩　2.黄色　3.灰色　4.同类色　5.视觉冲击力　6.周期性　7.短　8.地理文化　9.春夏　10.经典色、基本色　11.红色　12.近似色搭配、同色调配色　13.对比色　14.主色、辅色　15.橙色　16.绿色　17.黄色　18.红色　19.对象、场合　20.流行　21.色彩修养,风格　22.温暖幸福　23.蓝色　24.黑色　25.平凡、沉默　26.情感特征　27.紫色　28.无彩色　29.对比色　30.艳丽、刺激　31.流行色　32.色相、明度、纯度　33.冷、暖　34.明度、纯度　35.亮(高明度)、中(中明度)、暗(低明度)　36.暖色、鲜色、冷色　37.服装色彩　38.醒目、抢眼、激动　39.明度　40.低纯度色搭配　41.中纯度色搭配　42.服务群体　43.180　44.流行色　45.鲜(高纯度)、中(中纯度)、灰(低纯度)　46.红　47.黄色　48.奢华　49.膨胀　50.性格特征

二、单项选择题

1.A　2.D　3.A　4.C　5.C　6.D　7.C　8.B　9.B　10.B

11.C　12.D　13.C　14.A　15.A　16.C　17.B　18.D　19.B　20.D

21.B　22.C　23.C　24.A　25.B　26.C　27.B　28.A　29.B　30.A

31.A 32.D 33.C 34.A 35.A 36.B 37.B 38.D 39.B 40.B

41.B 42.A 43.A 44.C 45.A 46.A 47.B 48.C 49.C 50.C

三、判断题

1.× 2.√ 3.× 4.× 5.√ 6.× 7.× 8.× 9.× 10.×

11.√ 12.√ 13.√ 14.× 15.√ 16.√ 17.√ 18.× 19.× 20.√

21.× 22.√ 23.√ 24.× 25.√ 26.√ 27.× 28.× 29.√ 30.√

31.× 32.× 33.× 34.√ 35.× 36.√ 37.× 38.√ 39.× 40.×

41.× 42.× 43.√ 44.× 45.√ 46.√ 47.× 48.√ 49.× 50.×

51.× 52.× 53.√ 54.× 55.√ 56.×

四、简答题

1.答:黄色象征着辉煌、光明、富贵、权威、高雅、乐观、希望、智慧等。根据黄色的色彩情感,运用在服装中设计出华丽时尚的服装;运用在礼服中使服装优雅时尚;运用其高明度特点可设计出时尚前卫的服装;在中国古代黄色是王室贵族的专用色彩,给人富贵、权力的感受。

2.答:橙色象征着温暖、幸福、亲切、华丽、积极、友爱等。根据橙色的特点设计出的服装时尚又不失亲切,有富丽繁华的感觉,用于秋冬装可增加温暖感。

3.答:紫色象征着神秘、优雅、忧郁、高贵、华丽、孤独自傲等。在紫色中加入不同的色系会给人不同的视觉感受,如蓝紫色的服装能给人以梦幻、神秘、优雅的视觉感受;红紫色给人温暖、妩媚的视觉感受;高明度的浅紫色则更具优雅、浪漫、甜美、轻盈、飘逸的女性感。

4.答:红色象征着热情、活泼、温暖、野蛮、爱情、喜悦等,让人热血沸腾、斗志昂扬。在东方红色运用在服装上代表人喜庆、祥和,给人热闹的视觉感受,常作为婚庆服装;红色多用于女性服装中体现女人妩媚、妖娆的气息,时尚而性感。

5.答:蓝色象征着稳重、成熟、理智、冷静、柔和、自信、永恒、沉默、纯净、深远、忧郁等。根据蓝色的性格色彩可以设计带有神秘色彩未来风格的服装。浅蓝运用在服装上给人明净、柔和的视觉感受,常用于夏季服装中,给人清凉飘逸的感觉;深蓝色的服装给人神秘、高雅、稳重的视觉感受,是礼服中常用的颜色;蓝色也是冬季的常用色,用于大衣设计和针织设计中。

6.答:绿色象征着生机、希望、安全、清新、自然、安宁、和平、幸福、理智等。根据绿色的情感特征,可以设计出时尚前卫、清新的服装。浅绿或淡绿色运用在服装上给人青春、活力的视觉感受;纯度较低的绿色服装给人沉稳的视觉感受。

7.答:金、银色象征着富贵、权力、奢华、优雅、前卫、富有等。金、银是黄金和白银的色泽,闪光的特性让服装看起来华丽、前卫,常用于高级时装和礼服等华丽的服装设计中。

8.答:黑、白、灰在色彩中属于无彩色。

黑色象征着神秘、沉稳、严肃、庄重、坚实、黑暗、恐怖、孤独、绝望等。根据黑色的情感色彩可以设计出中性时尚风格的服装;黑色是明度最低的颜色,给人以高雅、神秘的感觉,华贵又不失稳重,体现高贵风格;黑色具有收缩的特性,使穿着者看起来比较苗条,因此受到很多肥胖者的青睐。

白色象征着纯洁、干净、和平、神圣、朴素、平安、柔弱等,体现高贵的气质,给人神圣不容侵犯的感觉。白色给人清新、纯洁、优雅的感觉,多用于礼服设计;白色属于膨胀色,比较适合瘦弱的人,穿着起来会显得丰满些。

灰色象征着稳重、忧郁、随和、中庸、平凡、沉默等。根据灰色的感情特征,运用于时尚风格、前卫性服装设计中;灰色可以和任何色彩搭配时尚而不失稳重;由于灰色柔和、稳重的特性,适用于各种年龄的服装;灰色在服装上明度不尽相同,不同明度的灰有不同的感觉,浅灰色给人以飘逸的感觉。

9.答:根据明度可分为亮(高明度)色调、中(中明度)色调、暗(低明度)色调。白色、黄色为亮色调;红色、绿色为中色调;深红、黑色为暗色调。

10.答:对比色搭配是指色相环上相隔120°~180°的色彩进行搭配。对比色搭配的服装有让人感觉醒目、抢眼、激动的特点。在配色时注意明确主色,主色在服装中占大比例的面积或在比较重要的位置。

11.答:互补色搭配是指在色相环上两个相隔180°的颜色进行搭配。互补色搭配的服装有对比鲜明,视觉冲击力强等特点。互补色有红和绿、黄与紫、蓝与橙的组合。

12.答:同类色搭配是指以某一色相为基调,进行明度或纯度变化后的搭配。同类色搭配的特点是由于色差很小服装很统一、和谐,但是会给人感觉单调乏味。近似色搭配是指在色相环上两个邻近的色彩进行搭配,这种色彩组合又称同色调配色。近似色搭配特点是处于同一基调色彩和谐统一,由于色差比同类色大组合效果也更丰富、活泼。

13.答:(1)高纯度色搭配是指纯度较高的色彩进行组合搭配。这种色彩搭配给人感觉艳丽、刺激,和对比色搭配的效果相似。(2)中纯度色搭配是指纯度适中的色彩进行组合搭配。这种色彩搭配一般比较符合人们的审美,含蓄、优雅、成熟、稳重,组合效果比较好。(3)低纯度色搭配是指纯度比中纯度还低的色彩进行搭配。这种色彩搭配容易给人沉闷、压抑、平淡的感觉,常用于秋冬季的服装中,色彩给人感觉厚重温暖。明度较高的低纯度服装给人优雅、清淡的感觉。

14.答:(1)可以改变一方色彩的面积,突出主次。(2)可以改变一方或双方的明度、色相,或双方加同一色彩来调和。(3)采用黑、白、灰、金、银等色进行勾边、衬底达到调和目的。

15.答:流行色是指在某个特定的时期和地区内,被大多数人喜爱的几种或几组色彩的搭配。产生原因:首先流行色受消费者心理因素的影响;其次流行色的产生也受到政治、经济、文化、环境、科学等因素的影响。

16.答:流行色是引导服装流行的一个因素,将流行色运用到服装中,服装就成为流行服装。特别是在针对年轻人群设计服装时对于流行的把握就更重要。由于流行色周期性短的特点,流行色一般用于寿命比较短的便宜的服装中,特别是针对年轻人的时尚服装或T恤中。

学习任务四　服饰图案

一、填空题

1.图案　2.装饰　3.纹样、组织、色彩　4.古代官服　5.单独纹样、适合纹样、二方连续纹样、四方连续纹样　6.适合纹样　7.四方连续　8.胸部、袖　9.刺绣　10.补花　11.自由、随意　12.服饰　13.具象,风景　14.抽象,几何、文字、不定形　15.随意性、不可重复　16.单独纹样　17.单独、花边　18.直接、防染　19.腐蚀,交织、混纺、包芯　20.绗缝　21.职业时装、职业制服　22.植物　23.动物　24.风景　25.规则　26.字体的设计、文字的组合　27.休闲、展示　28.单独　29.骨架　30.北京、潮阳、常熟　31.纱(线)、环套,棒针、钩针　32.脚口、膝盖、侧缝　33.胸前、臀围、裙边　34.牛仔裤　35.科技图案、科学活动

二、单项选择题

1.A　2.D　3.A　4.A　5.D　6.C　7.C　8.B　9.C　10.B

11.A　12.B　13.A　14.A　15.D　16.D　17.B　18.C　19.A　20.A

21.D　22.A　23.B　24.A　25.D　26.A　27.B　28.A　29.D　30.D

31.D　32.B　33.A　34.C　35.C　36.D　37.D　38.A　39.C　40.B

41.A　42.D　43.C　44.D　45.B　46.B　47.D　48.C

三、判断题

1.×　2.√　3.√　4.×　5.√　6.√　7.√　8.√　9.√　10.×

11.×　12.×　13.√　14.√　15.×　16.√　17.×　18.√　19.×　20.×

21.√　22.√　23.×　24.√　25.×　26.√　27.√　28.√　29.×　30.×

31.×　32.√　33.×　34.×　35.√　36.√　37.×　38.×

四、简答题

1.答:具象图案是以自然界客观事物为基础,通过艺术处理创作出来的图形。主要包括有植物图案、动物图案、人物图案、风景图案。

2.答:抽象图案是指不表现客观物体形态,而以点、线、面为基本元素按照一定形式美法则组成的图形。主要包括几何图案、文字图案、不定形图案、科技图案等。

3.答:在服装设计中,运用风景图案应注意避开服装的分割线、省道等,以免破坏图案的完整性;运用人物图案应注意把握图案的造型色彩与服装整体风格协调。

4.答:不定形图案是指点、线、面构成的自由、不受约束的抽象图形。它具有随意性、不可重复的特点,主要应用于休闲服装、展示性服装。

5.答:有单独纹样、适合纹样、二方连续纹样、四方连续纹样四种。

6.答:适合纹样是把图形纹样组织在一定的外轮廓中,具有一定装饰效果的纹样。常用外廓形有方形、圆形、三角形等。绘制时先确定外廓形,再定出骨架线,然后在骨架上具体表现花、叶、枝干的动势走向。

7.答:印花有直接印花和防染印花两种形式,其中蜡染、扎染属于防染印花。

8.答:(1)上衣:胸部、衣摆、领、袖。(2)裤子:脚口、膝盖、侧缝。(3)裙子:胸前、臀围、裙边。

9.答:(1)日间礼服图案设计不应太过耀眼、夸张,要讲究正式感、庄重感、分寸感。(2)晚间礼服图案设计应精致华丽,表现雍容、华贵与不凡的气质。

10.答:职业装可分为职业时装和职业制服两类。职业时装图案设计应含蓄、做工精致;职业制服图案设计一般采用点状局部装饰、线状边缘装饰。

11.答:图中图案的组织形式为四方连续纹样。判断依据为图中图案是由一个单独纹样向上下左右四个方向反复排列形成的纹样。

学习任务五 专项服装设计

一、填空题

1.时间、地点、场合 2.职业套装、标志性职业服装、专用职业服装、其他职业服装
3.西装、西服裙、西裤 4.露膝、短,过膝,中长 5.同一,同类色搭配、弱对比 6.标志
性 7.实用功能,身体安全 8.VI 系统 9.小礼服、晚礼服、婚礼服、节日盛装 10.连衣
裙,廓形、长短,丝质、光泽感、轻薄 11.西服套装、燕尾服 12.白、粉,丝质、蕾丝
13.民族特色,民族文化 14.休闲服、流行色 15.舒适随意、个性化强、流行性强、消
费群体广泛、变化丰富 16.婴儿、幼儿、学童、少年 17.H,H、A、O 18.7~10,校、休闲
19.11~15、成年人 20.职业需求、功能性要求 21.条格、小面积的点 22.日常

二、单项选择题

1.A 2.B 3.C 4.C 5.B 6.C 7.A 8.C 9.B 10.A

11.C 12.B 13.A 14.B 15.C 16.B 17.B 18.A 19.A 20.A

21.B 22.A 23.B 24.B 25.B 26.B 27.C 28.A 29.B 30.C

31.C 32.B 33.A

三、判断题

1.× 2.× 3.√ 4.× 5.× 6.× 7.√ 8.× 9.× 10.√

11.√ 12.√ 13.√ 14.× 15.√ 16.× 17.× 18.× 19.√ 20.×

21.× 22.× 23.× 24.√ 25.√ 26.× 27.√ 28.× 29.× 30.√

31.× 32.× 33.× 34.√ 35.√

四、简答题

1.答:TPO原则指现代人着装越来越注重T时间,P地点,O场合。

职业服装主要包括日常穿用的职业套装、标志性职业服装、专用职业服装、其他职

业服装。

2.答:(1)款式:西服为基本款,可在局部进行变化,如领的形状、驳角、衣长等;下装西服裙通常为及膝裙,可适当调节裙长,针对年轻消费者可为露膝裙或短裙、针对老年消费者可为过膝盖或中长裙;裤装款式可根据流行对裤外形轮廓进行适当调整。(2)色彩:上下装选用同一色彩,如需变化可采用同类色搭配、短调组合等弱对比形式,以基础色为主,流行色作为点缀。(3)材质:以中高档面料为主。(4)图案:以简洁明了的条格图案、小面积的点装饰图案为主,整体着装加入胸花、首饰、领巾等配饰以弥补不足。

3.答:进行专用职业服装设计应注意体现服装的实用功能,重在保护工作人员的身体安全。如消防员、宇航员工作时穿着的职业服装。

4.答:(1)款式:女礼服主要以连衣裙为主,通常运用露肩、露背、高开衩等款式;男礼服多为西服套装或燕尾服款式。(2)色彩:注重协调,在个性化和优雅中取得平衡,产生和谐美感。(3)材质:通常选用能表现高贵华丽的丝质面料或有光泽感的面料,女性可用轻薄面料表现柔美感。(4)图案:凸显优雅、高贵,可使用简洁的几何分割、优美的具象植物等,图案加工以花饰、珠绣等为主。

5.答:(1)款式:可选用小礼服和晚礼服款式,但多为含蓄地表现性感美。(2)色彩:选用白色和浅粉色表现纯洁。(3)材质:多选用丝质面料和蕾丝面料做主体材质,搭配裘皮、羽毛、水晶等。

6.答:要求主要是穿着舒适随意、个性化强、流行性强、消费群体广泛、变化丰富等,如T恤衫、夹克、牛仔服等。

7.答:(1)款式:外廓形多为H形,少分割线,多采用偏开襟、插肩开襟,扣合方式多用省套结、暗扣等。(2)色彩:通常选择高明度色,如白色、粉红、淡蓝等。(3)图案:简洁的动物、卡通、小碎花等。(4)材质:多选用透气性、吸湿性、保暖性和柔软性好的棉织物、棉针织物。

8.答:(1)款式:通常为H形、A形、O形的连衣裙、连衣裤、吊带裙、吊带裤等。(2)色彩:多选用柔和的粉色、鲜亮的对比色。(3)图案:选用简洁、单纯、生动的动物、卡通、植物、人物等。(4)材质：以透气性、吸湿性、保暖性、柔软性好的棉织物为主,质量较好的化纤织物可用来做儿童外套。

学习任务六　服装系列设计

一、填空题

1.相同、相似,内部关联　2.整体性强、协调统一　3.社会文化动态　4.款式、色彩、材质、配饰　5.次序性和谐　6.层次分明、主题突出　7.中心思想　8.特性　9.某一主题　10.整体　11.后现代主义　12.民族风格　13.20世纪、古典　14.主打产品、衬托产品、延伸产品、尝试产品　15.形式、传统

二、单项选择题

1.A　2.C　3.D　4.A　5.C　6.C　7.B　8.A　9.D　10.C

11.A　12.A　13.C　14.A　15.D　16.B　17.A　18.A　19.A　20.C

21.D

三、判断题

1.√　2.×　3.×　4.×　5.×　6.×　7.√　8.×　9.√　10.√

11.√　12.×　13.√　14.√　15.×　16.√　17.√　18.×　19.√　20.×

21.√　22.×

四、简答题

1.答：灵感来自自然界、社会动向、年代主题。

2.答：整体性原则、统一变化、层次分明。

3.答：整体性强、协调统一。

4.答：民族风格、典雅/古典风格、田园风格、前卫风格。

5.答:有三个步骤,具体为:设定主题、确定基型、确定服饰配件。

6.答:主题系列、色彩系列、廓形系列、面料系列。

7.答:(1)色彩的选择必须与主题理念相吻合。(2)应掌握好色彩的层次性表达,一般一个系列使用的色彩不宜超过4种。(3)分配好主体色调和配角色调之间的比例关系、轻重关系。

8.答:(1)在强调面料的风格时,要考虑此种面料的特性与穿着对象的关系。(2)考虑面料风格与服装风格相统一。

9.答:系列的逻辑性是服装系列的特点包括纵横两方面。(1)纵向:服装的功能性与单品服装之间的逻辑关系,包括平面形式、立体造型、色彩搭配、面料肌理、结构处理、工艺技术、轮廓造型等之间的逻辑关系。(2)横向:主要是单品服装与系列服装之间的逻辑关系,包括服装色彩、面料肌理、服装与服饰品风格、服装与人、服装与生活环境的逻辑关系。

学习任务七　创意服装设计

一、填空题

1.思想、意识、创造性　2.创造,"新"　3.构成、设计　4.从属性,独立性　5.确定主题、选择题材、研究布局结构、探索适当的表现形式　6.准备阶段,创作阶段,深化阶段 7.逆向思维　8.发散、辐射、扩散,点、线、面　9.自然界,燕尾、马蹄袖、蝙蝠衫、喇叭裙　10.音乐、电影　11.现代科技文化、民族元素、生态环境、太空探索、建筑　12.波西米亚、巴洛克、古典高雅、田园、前卫

二、单项选择题

1.B　2.A　3.C　4.B　5.D　6.B　7.C　8.A　9.C　10.D

11.A　12.C　13.B　14.A　15.A

三、判断题

1.√　2.×　3.×　4.√　5.×　6.×　7.×　8.×　9.√　10.√

11.×　12.√　13.×　14.√　15.×

四、简答题

1.答：确定主题、选择题材、研究布局结构、探索适当的表现形式。

2.答：(1)准备阶段，包括收集资料、市场考察、调研。(2)创造阶段，是心中意象逐渐明朗化阶段。(3)深化阶段，创造过程中反复修改、完善定稿阶段。

3.答：三种，分别是正向思维方式、逆向思维方式、多向思维方式。

4.答：(1)多种思维指向。(2)多种思维起点。(3)运用多种逻辑思维及其评价标准。(4)多种思维结果。

5.答：(1)仿生学启示。(2)文艺作品启示。(3)主题构思。(4)风格构思。(5)流行时尚元素。(6)商业化创意设计。

6.答：(1)主题构思即确定一个目标作为主题方向，如现代科技文化、民族元素、太空探索、生态环境、建筑等。(2)风格构思是确立一种风格表现形式进行设计延伸，如波西米亚风格、巴洛克风格、古典高雅风格、田园风格、前卫风格等。

学习任务八　服装装饰设计与面料再造

一、填空题

1.颈、手、耳、头、踝　2.视觉肌理、触觉肌理　3.刺绣、印花、钉缀、拼接、添加饰物
4.面料形态的立体处理、面料形态的增型处理、面料形态的减型处理、面料形态的钩编处理、面料形态的综合处理　5.立体、浮雕，肌理　6.堆积、抽褶、层叠、凹凸、褶裥、褶皱　7.黏合、热压、车缝、补、挂、绣　8.镂空、烧花、烂花、抽丝、剪切、磨沙　9.钩织、编结　10.同色不同质、同质不同色、同料正反面

二、单项选择题

1.C 2.A 3.B 4.C 5.B 6.C 7.B 8.D 9.A 10.B

11.C 12.B 13.B 14.A 15.C 16.C 17.A 18.D 19.C 20.B

三、判断题

1.√ 2.√ 3.√ 4.× 5.× 6.× 7.× 8.× 9.√ 10.√

11.√ 12.×

任务一～任务四测试题

一、单项选择题

1.A 2.D 3.C 4.B 5.A 6.D 7.B 8.D 9.D 10.C

11.B 12.D 13.C 14.D 15.C 16.B 17.C 18.D 19.C 20.A

21.A 22.B 23.D 24.D 25.D

二、判断题

26.√ 27.× 28.× 29.× 30.× 31.√ 32.√ 33.× 34.√ 35.√

36.× 37.× 38.× 39.× 40.√ 41.× 42.√ 43.√ 44.× 45.×

三、简答题

46.答:根据明度可分为亮色调(高明度)(3分),如白色、黄色(2分);中色调(中明度)(3分);如红色、绿色(2分);暗色调(低明度)(3分),如深红、黑色(2分)。

47.答:根据袖的长短分类(2分),有无袖、短袖、五分袖、七分袖、长袖(1词1分,共3分);根据袖的装接方法分类(2分),有圆装袖、平装袖、插肩袖、连袖、无袖(1词1分,3分);根据袖的形态分类(2分),有喇叭袖、泡泡袖、灯笼袖等(1词1分,3分)。

48.答:日间礼服图案设计不应太过耀眼(1分)、夸张(1分),要讲究正式感(2分)、庄

重感(2分)、分寸感(2分)。晚间礼服图案设计应精致华丽(2分),表现雍容(2分)、华贵

与不凡的气质(3分)。

49.答:有贴袋/明袋(2分)、挖袋/暗袋(2分)、插袋/缝内袋(2分)。

贴袋/明袋（1分）	挖袋/暗袋（1分）	插袋/缝内袋（1分）

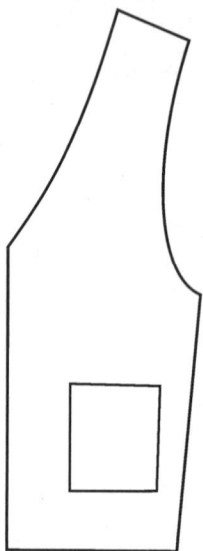
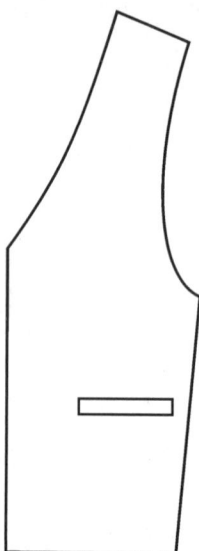

（画正确2分）　　　　　（画正确2分）　　　　　（画正确2分）

任务五～任务八测试题

一、单项选择题

1.B　2.C　3.A　4.A　5.B　6.C　7.C　8.A　9.C　10.A

11.B　12.B　13.D　14.B　15.C　16.B　17.C　18.A　19.D　20.C

21.C　22.A　23.C　24.B　25.A

二、判断题

26.×　27.×　28.√　29.√　30.×　31.×　32.×　33.×　34.√　35.×

36.√　37.×　38.√　39.×　40.√　41.√　42.√　43.×　44.×　45.×

三、简答题

46.答:穿着舒适随意(2分)、个性化强(2分)、流行性强(2分)、消费群体广泛(2分)、变化丰富(2分)。如T恤衫、夹克、休闲裤、休闲外套等(1词2分,共5分)。

47.答:(1)色彩的选择必须与主题理念相吻合(5分)。(2)应掌握好色彩的层次性表达,一般一个系列使用的色彩不宜超过4种(5分)。(3)分配好主体色调和配角色调之间的比例关系、轻重关系(5分)。

48.答:(1)仿生学启示(3分);(2)文艺作品启示(3分);(3)主题构思(3分);(4)风格构思(2分);(5)流行时尚元素(2分);(6)商业化创意设计(2分)。

49.答:(一框2分,一线2分)

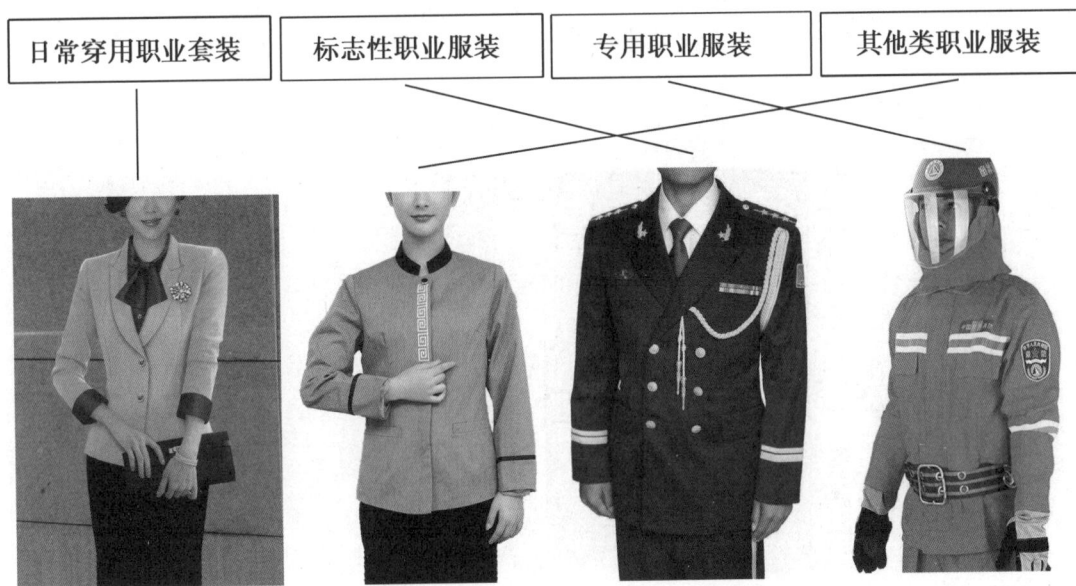

综合测试题一

一、单项选择题

1.D　2.C　3.D　4.A　5.B　6.D　7.C　8.B　9.A　10.C

11.A 12.D 13.C 14.B 15.D 16.B 17.B 18.B 19.A 20.B

21.D 22.B 23.D 24.D 25.C

二、判断题

26.× 27.√ 28.× 29.√ 30.× 31.√ 32.× 33.× 34.√ 35.×

36.× 37.√ 38.× 39.√ 40.× 41.√ 42.× 43.× 44.√ 45.√

三、简答题

46.答:有对比与协调、比例与分割、对称与均衡、统一与变化、节奏与韵律、强调等(1词1分,共11分)。对比在服装设计中常用到色彩对比(1分)、材质对比(1分)如黑与白、鲜与灰、厚与薄、正与反、硬与软、凹与凸、透与不透(答对其中3个即可,共3分)。

47.答:金、银色象征富贵、权力、奢华、优雅、前卫、富有等(1词2分,答对其中5个即可,共10分),常用于高级时装(2分)和礼服(2分)等华丽(1分)的服装设计中。

48.答:(1空1分)

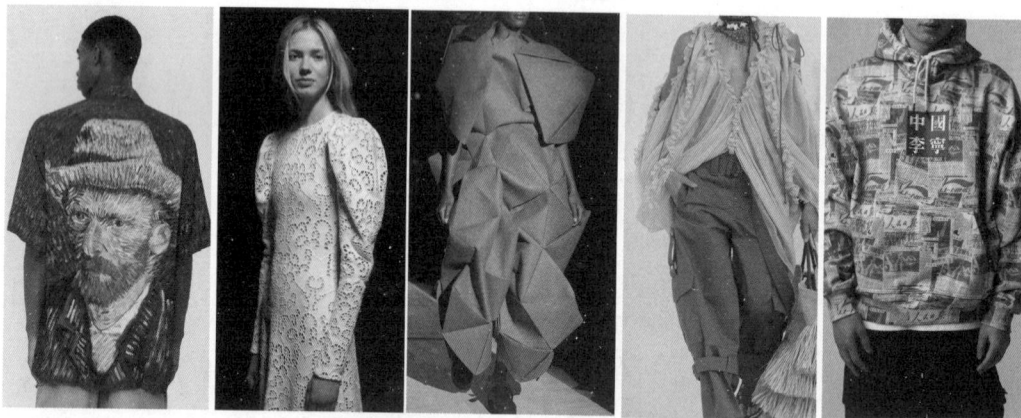

| 文艺作品启示 | 仿生学启示 | 主题构思 | 风格构思 | 商业化创意设计 |

49.答:(1线2分)

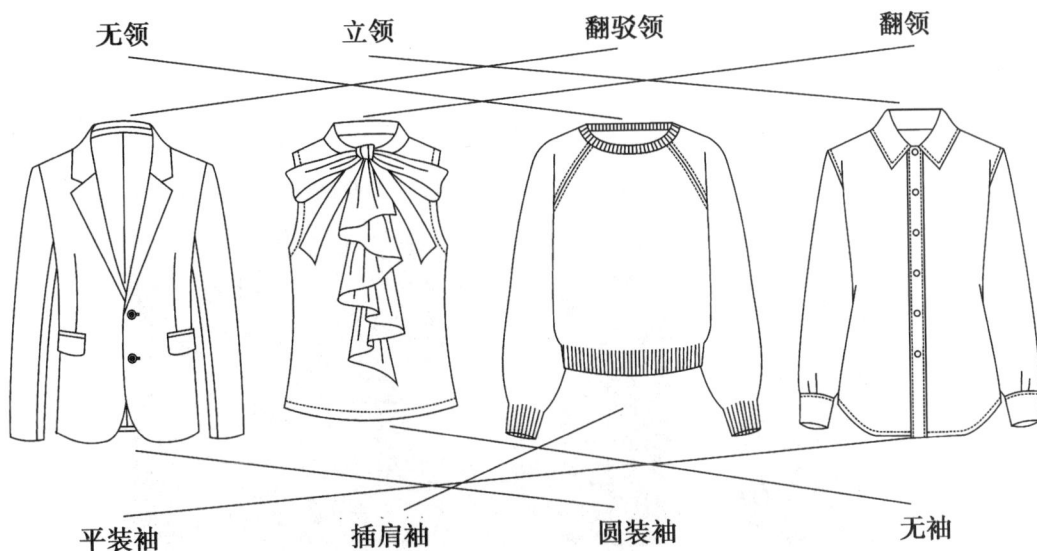

综合测试题二

一、单项选择题

1.A 2.C 3.D 4.C 5.B 6.D 7.C 8.B 9.A 10.C

11.D 12.A 13.B 14.C 15.D 16.D 17.B 18.C 19.C 20.A

21.C 22.D 23.A 24.D 25.B

二、判断题

26.√ 27.× 28.× 29.× 30.√ 31.× 32.√ 33.√ 34.√ 35.√

36.× 37.× 38.√ 39.√ 40.× 41.× 42.√ 43.√ 44.× 45.×

三、简答题

46.答:(1)根据穿衣人的脸型(2分)和颈部特点设计领的式样(2分)。(2)领的设计要符合流行(3分)。(3)领的设计要与服装的外形协调(3分)。(4)领型的设计要适合颈部结构及颈部的活动规律(3分),满足服装的适体性(2分)。

47.答:(1)上衣有胸部、衣摆、领、袖等(5分)。(2)裤有脚口、膝盖、侧缝(5分)。(3)裙有胸前、臀围、裙边(5分)。

48.答:服装系列设计灵感主要来自自然界(3分);来自社会动向(3分);来自年代主题(3分)。

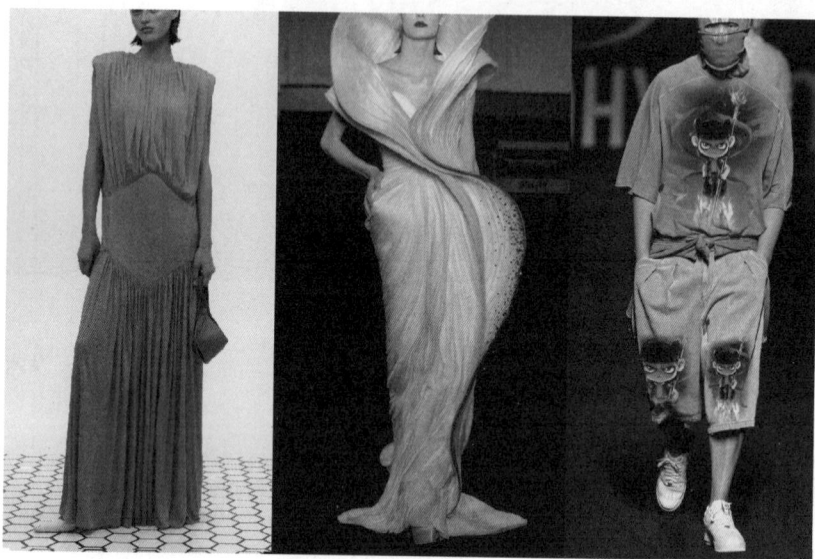

| 来自年代主题 | 来自自然界 | 来自社会动向 |

49.答:服装构思是一系列思维活动,包括确定主题、选择题材、研究布局结构、探索适当的表现形式等(1个2分,答对其中3个即可)。三个阶段是:(1)准备阶段(1分),包括收集资料、市场考察、调研等(2分)。(2)创作阶段(1分),是中心意象逐渐明朗化的阶段(2分)。(3)深化阶段(1分),创作过程的反复修改,完善定稿阶段(2分)。

综合测试题三

一、单项选择题

1.A　2.C　3.A　4.D　5.B　6.C　7.C　8.A　9.D　10.B

11.A　12.C　13.A　14.C　15.B　16.D　17.B　18.C　19.A　20.D

21.A　22.B　23.A　24.C　25.A

二、判断题

26.× 27.√ 28.× 29.× 30.√ 31.× 32.× 33.√ 34.× 35.√ 36.× 37.√

38.√ 39.√ 40.× 41.× 42.× 43.√ 44.× 45.√

三、简答题

46.答：(1)根据袖的长短分类(2分)，有无袖、短袖、五分袖、七分袖、长袖(3分,答对3个即可)。(2)根据袖的装接方法分类(2分)，有圆装袖、平装袖、插肩袖、连袖、无袖(3分,答对3个即可)。(3)根据袖的形态分类(2分)，有喇叭袖、泡泡袖、灯笼袖等(3分,答对3个即可)。

47.答：(1)互补色搭配是指在色相环上两个相隔180°的颜色进行搭配(6分)。(2)互补色搭配的服装有对比鲜明(3分),视觉冲击力最强等特点(3分)。(3)互补色有红和绿、黄与紫、蓝与橙的组合(3分,答对1组即可)。

48.答：(1)款式：多为H形外廓形,少分割线(2分),多采用偏开襟、插肩开襟(2分),扣合方式多采用绳套结、暗扣等形式(2分)。(2)色彩：通常选用高明度色(3分)。(3)图案：简洁的动物图案、卡通、小碎花等(3分)。(4)材质：多选用透气性、吸湿性、保暖性和柔软性好的棉织物(2分),尤其是棉针织物(1分)。

49.答：

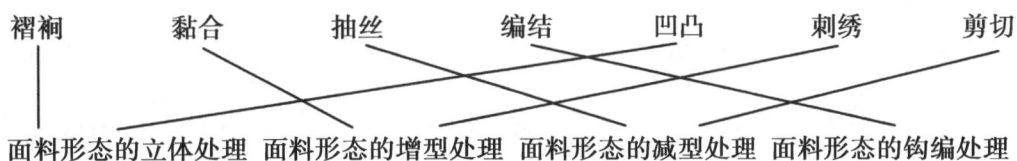

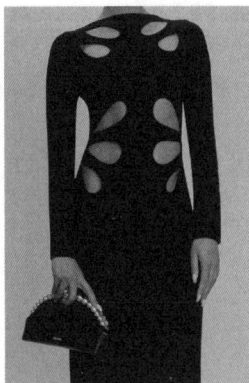

综合测试题四

一、单项选择题

1.B 2.C 3.D 4.B 5.D 6.A 7.B 8.D 9.C 10.A

11.B 12.B 13.C 14.D 15.C 16.D 17.D 18.C 19.A 20.B

21.C 22.A 23.C 24.C 25.B

二、判断题

26.√ 27.× 28.√ 29.× 30.× 31.√ 32.√ 33.× 34.× 35.√

36.√ 37.× 38.√ 39.× 40.√ 41.× 42.× 43.√ 44.√ 45.×

三、简答题

46.答:(1)色彩的选择必须与主题理念相吻合(5分)。(2)掌握好色彩层次性表达,一般一个系列使用的色彩不宜超过4种(5分)。(3)分配好主题色调和配角色调之间的比例关系、轻重关系(5分)。

47.答:(1)款式上外轮廓多为H形,少分割线,为穿脱方便多采用偏开襟、插肩开襟,扣合方式可用绳套结、暗扣等形式(4分)。(2)色彩通常采用高明度色,如白色、粉色等(3分)。(3)图案以简洁的动物、卡通、小碎花为主(4分)。(4)材质多选用透气性、吸湿性、保暖性和柔软性好的棉织物,尤其是棉针织物(4分)。

48.答:(1)西服款式总体造型基本一致,可在局部上进行变化,如领的形态、驳角、衣长等(5分)。(2)下装西服裙通常为及膝裙,可适当调节裙长,针对年轻消费群体可露膝裙或短裙,老年消费者款过膝裙或中长裙(5分)。(3)裤装可根据流行的裤外廓形做适当的调整(5分)。

49.答

| 主题系列 | 色彩系列 | 廓形系列 | 面料系列 |

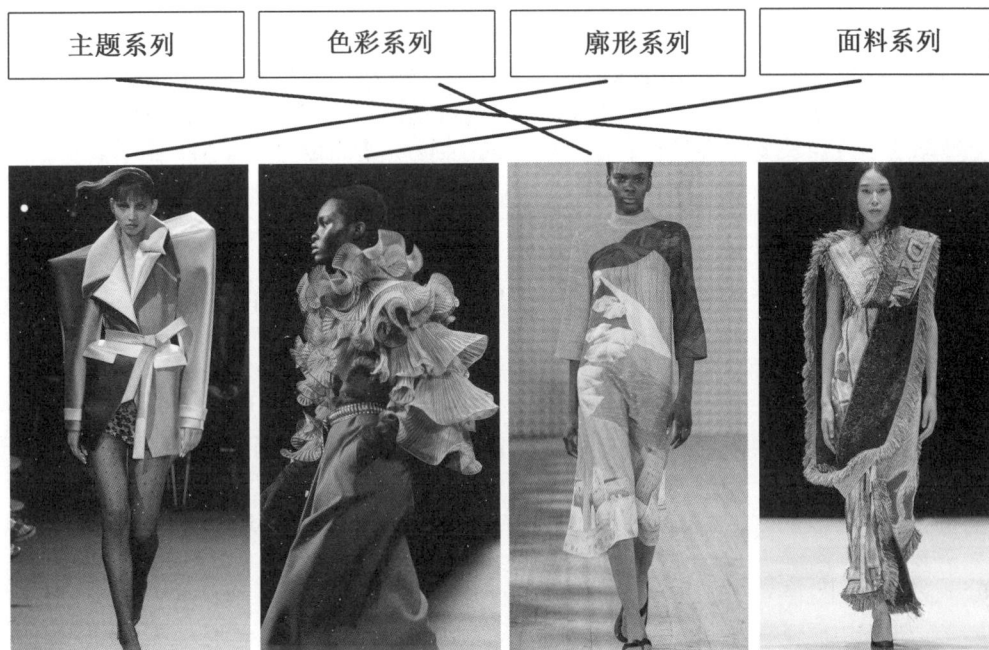

综合测试题五

一、单项选择题

1.B 2.B 3.B 4.A 5.B 6.C 7.D 8.C 9.C 10.C

11.B 12.B 13.A 14.C 15.C 16.A 17.A 18.A 19.C 20.B

21.A 22.C 23.A 24.B 25.A

二、判断题

26.√ 27.× 28.× 29.√ 30.× 31.√ 32.× 33.× 34.× 35.√

36.√ 37.× 38.× 39.× 40.√ 41.√ 42.× 43.√ 44.× 45.×

三、简答题

46.答:(1)改变一方色彩的面积,突出主次(5分)。(2)改变一方或双方的明度、色相或加同一色彩来调和(5分)。(3)用黑、白、灰、金、银进行勾边或衬底达到调和的目的(5分)。

47.答:图案的组织形式有单独纹样(3分)、适合纹样(2分)、二方连续纹样(2分)、四方连续纹样(2分);图案的装饰手法有印花、刺绣、烂花、绗缝、补花、编结(1词1分共6分)。

48.答:应做到层次分明(2分)、主题突出(2分),既有丰富的主题又有统一有序的风格(2分)。设计原则有:整体性原则(3分)、统一变化(3分)、层次分明(3分)。

49.答:服饰图案的表现内容有:①具象图案(2分),主要有植物图案(1分)、动物图案(1分)、风景图案(1分)、人物图案(1分)等。②抽象图案(2分),几何图案(1分)、文字图案(1分)、不定形图案(1分)、科技图案(1分)。

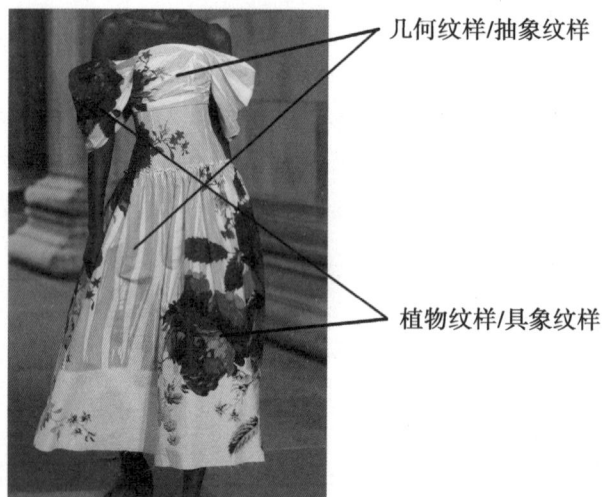

几何纹样/抽象纹样

植物纹样/具象纹样

服装设计与工艺专业高考模拟测试题一

一、单项选择题

1.B 2.C 3.B 4.C 5.B 6.C 7.B 8.A 9.C 10.B

11.C 12.C 13.D 14.A 15.C 16.A 17.A 18.B 19.D 20.B

21.B　22.B　23.B　24.A　25.B

二、判断题

26.×　27.×　28.√　29.×　30.√　31.√　32.×　33.×　34.√　35.√

36.×　37.√　38.×　39.×　40.×　41.×　42.×　43.×　44.×　45.√

三、简答题

46.答：A表示胸围和腰围差数为14~18 cm(3分)。体型划分的依据是以人体的胸围和腰围的差数(3分)。女大衣胸围放松量分为：贴身型大衣胸围放松量在10 cm左右；合身型大衣胸围放松量为14~18 cm；较宽松型大衣胸围放松量为22~26 cm,宽松型大衣胸围放松量在30 cm以上(1个3分,答对3个即可)。

47.答：①上平线　②臀高线　③前横裆线(前裆深线)　④中裆线　⑤下平线　⑥前裆缝线　⑦后裆缝弧线　⑧前下裆弧线　⑨后下裆弧线　⑩前烫迹线　⑪后烫迹线　⑫前侧缝弧线　⑬后侧缝弧线(1个3分,答对5个即可)。

48.答：(1)改变一方色彩的面积,突出主次(5分)。(2)改变一方或双方的明度、色相或加同一色彩来调和(5分)。(3)用黑、白、灰、金、银进行勾边或衬底达到调和的目的(5分)。

49.答：袋盖、袋位(袋口)、门襟、里襟、袋嵌线、领面、领里、前衣身、后领贴(1个2分,答对8个即可,不超过15分)。

服装设计与工艺专业高考模拟测试题二

一、单项选择题

1.B　2.C　3.B　4.C　5.B　6.B　7.A　8.C　9.D　10.D

11.B　12.C　13.B　14.A　15.B　16.D　17.C　18.D　19.B　20.D

21.C　22.C　23.C　24.D　25.A

二、判断题

26.√　27.√　28.√　29.×　30.×　31.√　32.√　33.×　34.×　35.×

36.×　37.×　38.√　39.√　40.×　41.×　42.√　43.×　44.√　45.×

三、简答题

46.答：A.插肩袖　B.连肩袖　C.育克插肩袖　D.半插肩袖（A、B、C1个4分，D3分）。

47.答：（1线3分）

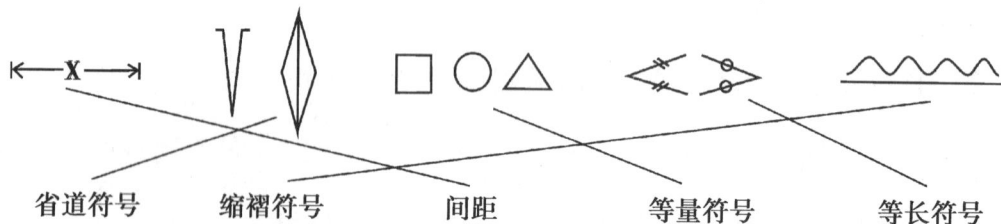

省道符号　缩褶符号　间距　等量符号　等长符号

48.答：（1）可根据袖的长短分（3分）。8根据袖的装接方法分（3分）；根据袖的形态分（3分）。（2）题48图袖子按不同分类可以称为五分袖（中长袖）（2分）、插肩袖（2分）、灯笼袖（2分）。

49.答：沿止口净粉线（3分），自装领点至底边圆角处敷牵带（3分），牵带在胸部一段要拉紧（3分），腰节部位平敷（3分），底边圆角处带紧驳口线一段的牵带也要带紧（3分）。